Layth Hakeem Kadhim
Mustafa Taha Mohammed

Avaliação das hormonas da glândula tiroide e de alguns parâmetros bioquímicos

Layth Hakeem Kadhim
Mustafa Taha Mohammed

Avaliação das hormonas da glândula tiroide e de alguns parâmetros bioquímicos

Efeito da poluição e da radiação das estações eléctricas e das torres de telemóveis na tiroide

ScienciaScripts

Imprint

Any brand names and product names mentioned in this book are subject to trademark, brand or patent protection and are trademarks or registered trademarks of their respective holders. The use of brand names, product names, common names, trade names, product descriptions etc. even without a particular marking in this work is in no way to be construed to mean that such names may be regarded as unrestricted in respect of trademark and brand protection legislation and could thus be used by anyone.

Cover image: www.ingimage.com

This book is a translation from the original published under ISBN 978-613-8-83464-9.

Publisher:
Sciencia Scripts
is a trademark of
Dodo Books Indian Ocean Ltd. and OmniScriptum S.R.L publishing group

120 High Road, East Finchley, London, N2 9ED, United Kingdom
Str. Armeneasca 28/1, office 1, Chisinau MD-2012, Republic of Moldova, Europe
Printed at: see last page
ISBN: 978-620-6-39313-9

Conteúdo

Ao mestre da humanidade, o Profeta
Muhammad, o Mensageiro de Deus, que
Deus o abençoe e lhe conceda a paz ...
À minha querida mãe ...
À alma do meu querido pai ...
À minha querida família .
À minha amada esposa .
Para as minhas queridas filhas .
Ao meu querido filho .
Aos meus professores .
Aos meus amigos sinceros .

Agradecimentos

Louvado seja Deus, que nos abençoou com o seu sustento e generosidade, e que a paz e as bênçãos estejam sobre Maomé, o Mensageiro de Deus.

Os meus sinceros agradecimentos ao meu supervisor, Dr. Mustafa Taha Mohammed, pelo seu apoio e encorajamento contínuos durante o período de estudo.

Quero agradecer ao Reitor da Faculdade de Ciências, Dr. Mohammed Faraj Shather, ao Chefe do Departamento de Química, Dr. Ahmed Hussain Ismail, e a todos os membros do pessoal do Departamento de Química e da Faculdade de Ciências da Universidade de Mustansiriyah pela sua gentileza, generosidade e inestimáveis conselhos, sugestões e o maior apoio que me fizeram ultrapassar as dificuldades que enfrentei ao longo deste trabalho.

Um agradecimento especial ao Dr. Faleh S. Al-Fartusie pelos seus conselhos, encorajamento e ajuda contínua.

Por último, gostaria de agradecer a todos os que me deram uma palavra ou mesmo um sorriso que me levantaram do desespero para alcançar a minha ambição. Peço também desculpa a todos aqueles que não pude mencionar pessoalmente, um a um.

Resumo

As subestações eléctricas e as torres de comunicações celulares estão a crescer em número para satisfazer as necessidades das pessoas. O presente estudo teve por objetivo investigar a influência destes dois locais na saúde humana, avaliando a hormona estimulante da tiroide (TSH), a triiodotironina (T3), a tiroxina (T4), o malondialdeído (MDA), a glutationa (GSH), o estado oxidante total (TOS), a capacidade antioxidante total (TAC), o ácido úrico, o chumbo (Pb), o cádmio (Cd), o cobre (Cu), o zinco (Zn), o manganês (Mn), alanina aminotransferase (ALT), aspartato aminotransferase (AST), fosfatase alcalina (ALP), ureia, creatinina, triglicéridos (TGs), colesterol total (CT), lipoproteínas de alta densidade (HDL), lipoproteínas de baixa densidade (LDL) e lipoproteínas de muito baixa densidade (VLDL) em homens expostos ocupacionalmente ao ambiente de subestações eléctricas e torres de comunicações celulares.

Os resultados são resumidos nos pontos seguintes:

- As diferenças de T3 e T4 não foram significativas ($P>0,05$) entre os três grupos, enquanto as diferenças de TSH não foram significativas entre os trabalhadores do controlo e das torres de comunicações celulares. Por outro lado, os trabalhadores das subestações eléctricas apresentaram níveis significativamente ($P<0,05$) mais elevados de TSH em comparação com os trabalhadores do controlo e das torres de comunicações celulares.

- Os níveis de MDA e TOS foram significativamente ($P<0,05$) mais elevados no soro de trabalhadores de subestações eléctricas e de trabalhadores de torres de comunicações celulares em comparação com o controlo. Além disso, os níveis de MDA e TOS foram significativamente ($P<0,05$) mais elevados nos trabalhadores das subestações eléctricas em comparação com os trabalhadores das torres de comunicações celulares.

- Os níveis de GSH e TAC foram significativamente ($P<0,05$) mais baixos no soro dos trabalhadores das subestações eléctricas e dos trabalhadores das torres de comunicações celulares em comparação com o controlo. Além disso, os níveis de GSH e TAC foram significativamente ($P<0,05$) mais baixos nos trabalhadores das subestações eléctricas em comparação com os trabalhadores das torres de comunicações celulares.

- Os níveis de Pb, Cd e Cu foram significativamente ($P<0,05$) mais elevados nos trabalhadores de subestações eléctricas e nos trabalhadores de torres de comunicações celulares em comparação com o controlo. Além disso, os níveis de Pb, Cd e Cu foram significativamente ($P<0,05$) mais elevados nos trabalhadores das subestações eléctricas em comparação com os trabalhadores das torres de comunicações celulares. Além disso, os níveis de Zn e Mn foram significativamente ($P<0,05$) mais baixos no soro dos trabalhadores das subestações eléctricas em comparação com o controlo, enquanto o nível de Zn apenas foi significativamente ($P<0,05$) mais baixo no soro dos trabalhadores das torres de comunicações celulares. As diferenças dos níveis de Zn e Mn não foram significativas ($P>0,05$) entre os trabalhadores das subestações eléctricas e os trabalhadores das torres de comunicações celulares.

- As actividades de ALT, AST e ALP, bem como os níveis de creatinina, TGs, TC, LDL e VLDL mostraram diferenças não significativas ($P>0,05$) entre os três grupos. Além disso, o nível de ureia foi significativamente ($P<0,05$) mais elevado nos trabalhadores das subestações eléctricas e das torres de comunicações celulares em comparação com o controlo. As diferenças dos níveis de ureia entre os trabalhadores das subestações eléctricas e os trabalhadores das torres de comunicações celulares não foram significativas ($P>0,05$). Por outro lado, os níveis de ácido úrico foram significativamente ($P<0,05$) mais baixos no soro dos trabalhadores das torres de comunicações celulares em comparação com o controlo, mas as diferenças de ácido úrico no soro não foram significativas entre o controlo e os trabalhadores das subestações eléctricas.

- O nível de HDL foi significativamente ($P<0,05$) mais baixo nas torres de comunicação celular do que no controlo.

Por último, o ambiente das subestações eléctricas e das torres de comunicações celulares demonstrou induzir o stress oxidativo após exposição contínua. Os trabalhadores destes dois locais devem tomar precauções para evitar o desenvolvimento de stress oxidativo, que conduz a outros riscos para a saúde.

CAPÍTULO 1

INTRODUÇÃO E REVISÃO LITERÁRIA

& ILMmsttwe IRmew

1.1. Poluição e radiação

A produção, distribuição e consumo de eletricidade tornaram-se fundamentais para os estilos de vida e as economias de países de todo o mundo[1] . Historicamente, a fonte dominante de combustível para a produção de eletricidade tem sido os combustíveis fósseis, especialmente o carvão, o petróleo e o gás[2] .

Um desafio comum à utilização de combustíveis fósseis é a poluição criada durante a combustão, como o dióxido de carbono (CO_2), o dióxido de enxofre (SO_2), os óxidos de azoto (NOx), as partículas (PM) e os metais pesados. As chuvas ácidas são causadas pelo SO_2; os NOx contribuem para o smog urbano, enquanto o CO_2 contribui para as alterações climáticas antropogénicas[3] . A presença destas poluições reflecte efeitos muito nocivos para a saúde humana. Uma via importante que liga a poluição aos distúrbios de saúde é a capacidade da poluição de induzir níveis elevados de stress oxidativo[4] .

As radiações são outros factores que afectam a saúde humana e que podem ser produzidas por estações eléctricas e torres de comunicações celulares. Todas as ondas electromagnéticas produzem um certo efeito de aquecimento. A energia disponível nas fontes mais comuns é insuficiente para produzir qualquer tipo de dano nos tecidos humanos, embora seja provável que densidades de potência mais elevadas, como as densidades muito próximas de linhas eléctricas de alta tensão ou de transmissores de radiodifusão de alta potência (megawatt), possam ter efeitos a longo prazo na saúde[5] . Por conseguinte, os efeitos biológicos da radiação podem ser classificados como "estocásticos", ou seja, aleatórios ou imprevisíveis, ou "determinísticos", uma vez que a exposição direta a uma dose de radiação resultará num efeito patológico que pode variar em função da magnitude da exposição[6] .

A Organização Mundial de Saúde (OMS) cunhou um termo oficial "poluição electromagnética global do ambiente". A OMS colocou o problema da poluição electromagnética global do ambiente na lista de prioridades da humanidade. Cada vez mais preocupada com os efeitos nocivos dos campos electromagnéticos na saúde dos utilizadores, a OMS criou o Projeto Internacional sobre Campos Electromagnéticos em 1996[7] .

Para a telefonia móvel, as redes Global System for Mobile (GSM), 3G e 4G funcionam na gama de frequências de 900-2600 MHz. O parcelamento de frequências desiguais é rigorosamente dirigido pela União Internacional das Telecomunicações (UIT) e, a nível nacional, pelas autoridades reguladoras competentes. A radiação electromagnética é classificada em radiação ionizante e não ionizante. A radiação electromagnética com energia suficiente para eliminar os electrões densamente ligados da trajetória de um átomo, fazendo com que o átomo fique ionizado, é designada por radiação ionizante. A radiação electromagnética que não tem energia suficiente para ionizar os átomos é designada por radiação não ionizante[8] . O campo eletromagnético encontra-se também nas linhas eléctricas de alta tensão e nas subestações[9] .

Existem provas experimentais abundantes da alteração da atividade cerebral do cérebro humano causada pela exposição aos telemóveis[10] . No que diz respeito ao sistema endócrino, o eixo hipotálamo-hipófise-tiroide desempenha uma função fundamental nos perfis das hormonas humanas que têm impacto no aparecimento do corpo, no progresso, no metabolismo e na ação do sistema nervoso. Está provado que mesmo uma pequena alteração nos estratos de hormonas da tiroide que circulam no sangue é suficiente para interpolar a função do cérebro. É (a glândula tiroide) um dos órgãos mais vulneráveis e vitais e pode ser alvo de qualquer tipo de radiação electromagnética[11] . Além disso, a radiação electromagnética emitida pelos telemóveis pode afetar a fertilidade do homem,[12] o ouvido,[13] e o sistema cardiovascular[14] .

1.2. Glândula tiroide

A glândula tiroide (GTR) é um órgão importante do sistema endócrino tradicional e está envolvida na síntese, armazenamento e libertação dos principais reguladores metabólicos: triiodotironina (T3) e tiroxina (T4)[15] . A ThG é um órgão bilobado localizado na porção média do pescoço, imediatamente anterior à laringe e à traqueia. O peso da glândula é variável e depende, em parte, da quantidade de iodo na dieta e de uma variedade de outros factores, incluindo o sexo e o estado hormonal. Em regiões de bócio não endémico, a glândula normal pesa 15 a 30 g[16] . A ThG compreende três regiões distintas (Figura 1-1)[17] :

- O istmo, que cobre o segundo e o terceiro anéis da traqueia.
- Os lobos laterais, cada um dos quais se estende do lado da cartilagem tiroide para baixo até ao sexto anel traqueal.
- Lóbulo piramidal inconstante, que se projecta para cima a partir do istmo, geralmente do lado esquerdo, e representa um remanescente da descida embriológica da tiroide.

A unidade funcional da tiroide é o folículo, que está separado do interstício por uma membrana basal completa. Grupos de 20 a 30 folículos estão organizados em lóbulos, que estão separados por finas camadas de tecido conjuntivo fibroso. A quantidade de tecido fibroso aumenta com a idade. Há uma variação considerável no tamanho dos folículos; no entanto, a maioria varia de 200 a 300 iim de diâmetro. A região central do folículo contém um coloide periódico ácido-Schiff positivo, no qual a tiroglobulina é armazenada antes da sua hidrólise intracelular. Os cristais de oxalato de cálcio, que são birrefringentes à luz polarizada, estão frequentemente presentes no interior do coloide, particularmente nas glândulas de indivíduos idosos. A sua presença pode ajudar a distinguir o tecido da tiroide do tecido da paratiroide na secção congelada intra-operatória, uma vez que os cristais polarizáveis são raros nas glândulas paratiróides[18] .

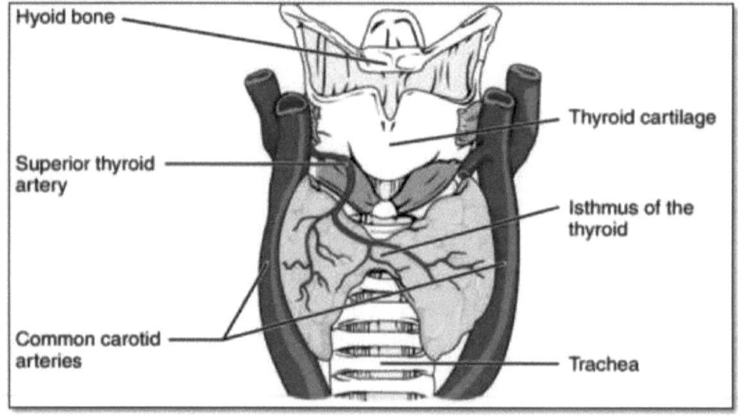

Figura 1-1: Vista esquemática do ThG[19] .

1.2.1 Eixo hipotálamo-hipófise-tiroideu

O hipotálamo é a mãe de todos os órgãos endócrinos, regulando a função de outras glândulas através da secreção de hormonas de libertação que têm como alvo os receptores da membrana celular na segunda glândula reguladora, a pituitária. Esta última é constituída por duas alças, a posterior e a interior. A alça interior da hipófise segrega hormonas estimulantes (SH), cada uma das quais tem como alvo receptores especiais nas membranas celulares de glândulas especializadas[20] .

O eixo hipotálamo-hipófise-tiroideia (HPT) determina o ponto de regulação da produção da hormona tiroideia (TH). A hormona libertadora de tirotropina (TRH) hipotalâmica estimula a síntese e a secreção de tirotropina hipofisária (hormona estimulante da tiroide, TSH), que actua na tiroide para estimular todas as etapas da biossíntese e secreção de TH. As THs, T4 e T3, controlam a secreção de TRH e TSH por feedback negativo para manter os níveis fisiológicos das principais hormonas do eixo HPT. A redução dos níveis circulantes de TH devido à insuficiência primária da tiroide resulta num aumento da produção de TRH e TSH, ao passo que o oposto ocorre quando os THs circulantes estão em excesso[21] , como se mostra na Figura 1-2.

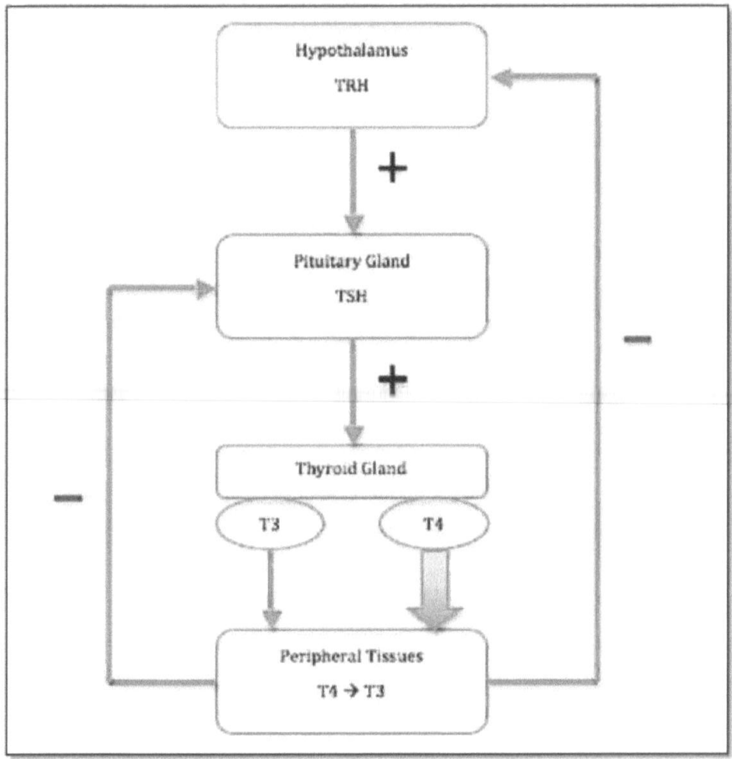

Figura 1-2: A retroação do eixo HPT[22] .

1.2.2 Hormonas da tiroide

A tiroide e as suas hormonas desempenham papéis multifacetados no desenvolvimento dos órgãos e no controlo homeostático de mecanismos fisiológicos fundamentais, como o crescimento corporal e o gasto de energia em todos os vertebrados[23] . Os folículos tiroidianos são constituídos por uma monocamada de tirocitos polarizados, com a superfície basolateral virada para a corrente sanguínea e a superfície apical exposta a um lúmen central, esférico, no qual são sintetizadas as hormonas tiroideias. A produção é estimulada pela TSH e requer um fornecimento adequado de iodo e uma maquinaria biossintética intacta que inclui moléculas transportadoras, enzimas e tiroglobulina,[24] (Figura 1-3).

A ThG sintetiza principalmente a pró-hormona tiroxina (T4) juntamente com uma pequena quantidade da hormona ativa 3,5,3'-L- triiodotironina (T3) numa proporção de 10:1, enquanto aproximadamente 80% da produção diária total de T3 é gerada por conversão periférica a partir de T4 pelas desiodinases de iodotironina de tipo 1 e 2 (DIO1 e DIO2)[25] . Por conseguinte, o rácio entre o T4 livre e o T3 livre no soro é de aproximadamente 3:1[26] .

Os THs são derivados do aminoácido tirosina. A estrutura é constituída por um anel

9

fenílico, ligado por uma ligação de éter a uma tirosina. O iodo é adicionado a posições no anel fenílico, três iodo para o T3 e quatro iodo para o T4[27] . O T4 e o T3 são hidrofóbicos e circulam ligados a proteínas. As proteínas séricas que se ligam aos HTs são a globulina de ligação à tiroxina, a transtirretina e a albumina[28] . A grande maioria da T4 e da T3 nos seres humanos, mais de 99%, circula ligada às proteínas séricas e apenas a fração livre é ativa[29] .

As hormonas tiroideias libertadas (T4 e T3) têm como precursores a monoiodotirosina (MIT) e a diiodotirosina (DIT). A síntese de T4 a partir da DIT requer a fusão de duas moléculas de DIT, catalisada pela peroxidase da tiroide (TPO)[30] . Isto cria uma estrutura com dois anéis deiodados que estão ligados por uma ponte de éter, conhecida como reação de acoplamento. Ao mesmo tempo, forma-se uma dehidroalanina residual no local do resíduo de DIT e contribui para o grupo hidroxilo fenólico[31] .

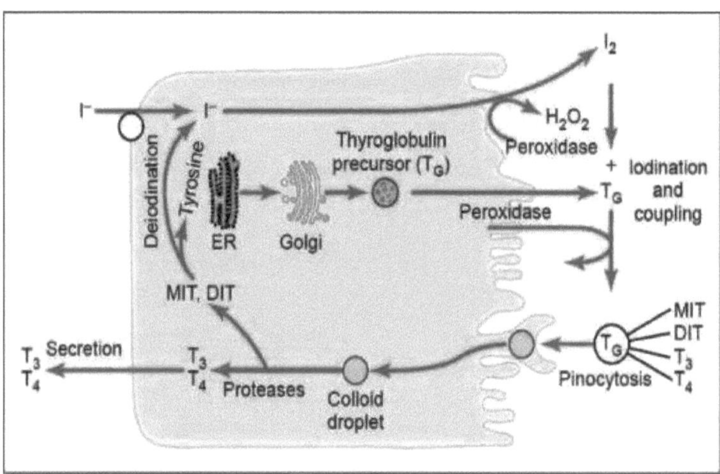

Figura 1-3: A biossíntese dos THs[32] .

A ação dos HT, mediada por receptores nucleares, desempenha, em primeiro lugar, um papel importante no metabolismo energético dos vertebrados[33] . A TH é um regulador pleiotrópico do crescimento, da diferenciação e da homeostase dos tecidos nos organismos superiores[34] .

1.2.3 Doenças da tiroide

1.2.3.1 Hipertiroidismo

O hipertiroidismo clínico, também designado por tirotoxicose, é causado pelos efeitos do excesso de hormonas da tiroide e pode ser desencadeado por diferentes doenças. O diagnóstico etiológico influencia o prognóstico e a terapêutica. A prevalência do hipertiroidismo em estudos de base comunitária foi estimada em 2% para as mulheres e 0,2% para os homens. Cerca de 15% dos casos de hipertiroidismo ocorrem em doentes com mais de 60 anos[35] . A doença de Graves (DG) é uma forma de hipertiroidismo autoimune associada à presença de auto-anticorpos que estimulam o recetor de TSH (TRAb)[36] .

O hipertiroidismo ocorre principalmente no decurso das doenças auto-imunes da tiroide (DG, incluindo o hipertiroidismo fetal/neonatal transitório de origem materna e a fase hipertiroideia da AIT). Por vezes, é causado por doenças não auto-imunes menos frequentes da glândula ThG (bócio nodular tóxico, mutação germinativa de ganho de função do recetor de TSH ou da proteína Gs, adenoma hipofisário que segrega TSH, hipertiroidismo induzido por amiodarona, resistência do recetor beta à THs)[37] , a Figura 1-4 ilustra as diversas causas de hipertiroidismo.

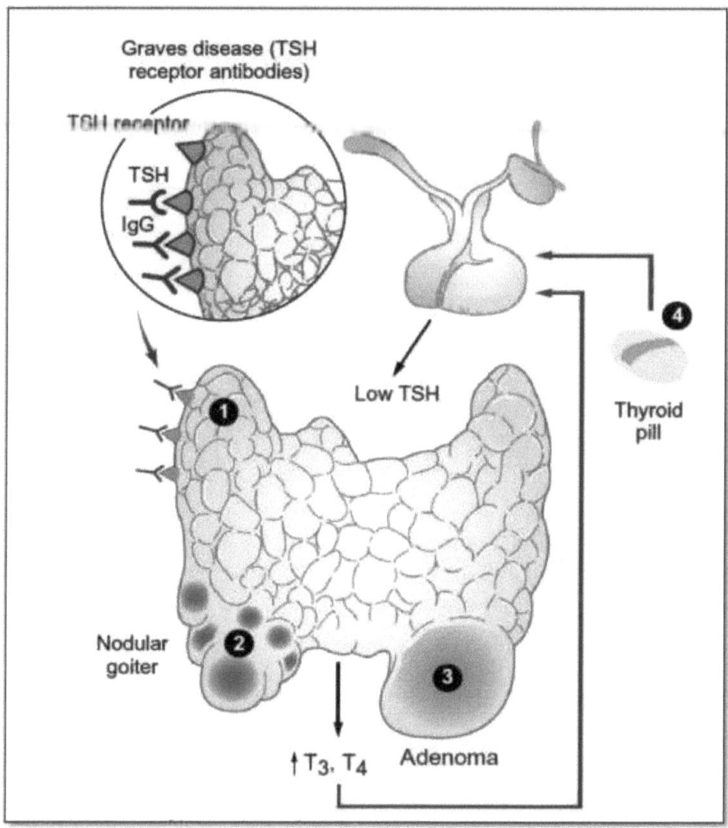

Figura 1-4: Várias causas de hipertiroidismo[38] .

1.2.3.2 Hipotiroidismo

O hipotiroidismo é a situação clínica em que o ThG é incapaz de competir com as necessidades do organismo em THs[39] . O hipotiroidismo é um distúrbio endócrino da glândula tireoide, caracterizado por uma redução da secreção de TH, em grande parte devido a uma deficiência de iodo, a uma doença autoimune ou a causas iatrogénicas. É mais provável que o hipotiroidismo ocorra em mulheres com mais de 60 anos de idade[40] .

O hipotiroidismo pode ser causado por uma anomalia da própria ThG (hipotiroidismo primário) ou por uma anomalia da hipófise ou do hipotálamo que provoca uma estimulação insuficiente da glândula tiroide pela TSH (hipotiroidismo central). Em casos raros, a anomalia localiza-se nos tecidos-alvo da hormona tiroideia (hipotiroidismo "periférico")[41] . Além disso, o hipotiroidismo é classificado em i) hipotiroidismo manifesto, em que a observação clínica indica níveis elevados de TSH e níveis reduzidos de T4, e ii) hipotiroidismo subclínico, em que a observação clínica indica níveis elevados de TSH com níveis normais de T4[42] .

A deficiência de TH resulta numa redução da taxa metabólica de todos os tecidos e órgãos. Os sintomas podem incluir fraqueza, letargia e intolerância ao frio. O hipotiroidismo também pode estar associado a mixedema, uma doença da pele caracterizada por uma camada epidérmica atrofiada e hiperqueratose em áreas de abrasão. A derme apresenta edema devido à infiltração de mucopolissacáridos, ácido hialurónico e sulfato de condroitina. A mucosa gástrica pode estar reduzida, como evidenciado por uma diminuição da secreção ácida[43] .

1.3. Stress oxidativo

Os radicais livres são substâncias fortemente implicadas na saúde dos seres humanos. Os radicais livres são qualquer material com um único eletrão (não emparelhado) na sua órbita exterior, o que permite que estas substâncias radicais sejam muito reactivas devido à sua reduzida estabilidade[44] . Sempre que existe uma substância radical livre, esta procura a estabilidade capturando um eletrão de um material vizinho, provocando a oxidação desse material específico, o que é conhecido nos sistemas vivos como stress oxidativo[45] .

Por outro lado, o corpo contém um sistema de defesa que neutraliza os radicais livres, chamado sistema de defesa antioxidante, o que levaria a uma definição mais clara de stress oxidativo; é o desequilíbrio entre radicais livres e antioxidantes, a favor dos radicais livres, no sistema biológico[46] .

1.3.1 Espécies reactivas de oxigénio

As espécies reactivas de oxigénio (ROS) são pequenas moléculas geradas pela redução incompleta do oxigénio molecular. As principais ERO produzidas pelas células da vasculatura são o anião superóxido (OV), o peróxido de hidrogénio (H_2O_2), o anião hidroxilo (OH) e o óxido nítrico (NO). O NO é um potente vasodilatador, produzido principalmente pelas células endoteliais[47] .

A sinalização redox refere-se à modificação das moléculas sinalizadoras através de reacções de redução/oxidação. Os principais mediadores da sinalização redox são os ERO. Um dos principais mecanismos pelos quais os ROS influenciam a função celular é através da modificação oxidativa pós-traducional de alvos proteicos a jusante. Os resíduos de cisteína nas proteínas são particularmente susceptíveis à oxidação e funcionam como um interrutor redox, activando ou inibindo a função das proteínas. Devido à sua natureza reactiva, os ERO podem também reagir com outros componentes celulares, como o ADN e os lípidos, causando danos. Por conseguinte, a produção e a eliminação de ROS é um processo rigorosamente controlado. Pensa-se que a sinalização redox ocorre em módulos redox onde a fonte de ROS está próxima da proteína alvo e dos sistemas antioxidantes. Vários eventos celulares na vasculatura são regulados por vias sensíveis à redox. Os ERO estão envolvidos na contração e relaxamento vasculares, no crescimento celular, na migração, na diferenciação, na sobrevivência e na apoptose[48] .

As ROS são produzidas como subprodutos de actividades metabólicas e enzimáticas no interior das células[49] . Os sistemas enzimáticos citosólicos que contribuem para a produção de ERO são, entre outros, as sete isoformas da família em expansão das NADPH oxidases transmembranares (NOX), um sistema gerador de superóxidos. Os domínios citosólicos das NOX transferem um eletrão do NADPH para um cofator FAD. A partir daí, o eletrão é passado para um grupo heme, que o doa ao O_2 no lado extracelular da membrana, gerando $O_2^{-\cdot}$. Dependendo da NADPH oxidase específica expressa em diferentes células, estas podem desencadear diferentes transformações celulares com resultados biológicos muito diferentes. A família de enzimas NADPH oxidase ilustra a especificidade da geração de R(S) e o seu impacto na sinalização celular normal e na homeostasia[50] .

As mitocôndrias representam outra fonte importante de produção intracelular de R(S). A produção de radicais superóxidos mitocondriais ocorre principalmente em dois pontos discretos da cadeia de transporte de electrões, nomeadamente no Complexo I (NADH desidrogenase) e no Complexo III (ubiquinonecitocromo *c* redutase) após a transferência de um eletrão para o oxigénio. *In vitro*, estes dois locais na mitocôndria convertem 1-2% das moléculas de oxigénio consumidas em $O_2^{-\cdot}$ tanto em condições normobáricas como hiperbáricas[51] . Estas estimativas iniciais foram efectuadas em mitocôndrias isoladas e pode concluir-se que a taxa *in vivo* de produção de superóxido mitocondrial é consideravelmente inferior. Embora predominem as reacções de um eletrão, existem na mitocôndria reacções de dois electrões que permitem a redução direta do oxigénio molecular a peróxido de hidrogénio. Pensa-se que o superóxido produzido no Complexo I se forma apenas no interior da matriz, enquanto que no Complexo III o superóxido é libertado tanto na matriz como no espaço mitocondrial interno (IMS)[52] . Uma fonte não enzimática de ERO nas mitocôndrias é a formação do radical livre semiquinona anião espécie ($O_2^{-\cdot}$) que ocorre como intermediário no ciclo redox da coenzima Q_{10}. Uma vez formado, o $O_2^{-\cdot}$ pode facilmente transferir electrões para o O_2 com a subsequente geração de um $O_2^{\bullet-}$ [53]. A produção de ERO torna-se assim predominantemente uma função da taxa metabólica[54].

Existem outras fontes importantes para a produção endógena de ERO, como a xantina oxidase, que catalisa a conversão da xantina/hyozantina em ácido úrico e produz $O_2^{\bullet-}$ como subproduto[55]), a óxido nítrico sintase, que catalisa a produção de NO,[56] e a mieloperoxidase, que actua sobre o $H2O2$ para formar $HOCl$[57].

Além disso, um certo número de moléculas nas células são redox activas e capazes de gerar elas próprias ERO após oxidação. Uma dessas classes de moléculas são os neurotransmissores, como a noradrenalina e a dopamina. Estas moléculas podem ser oxidadas, produzindo $O_2^{\bullet-}$ ou $H2O2$ e gerando quinonas/semiquinonas que podem danificar as proteínas. Os metais de transição redox-activos, como o Fe^{2+} (iões ferrosos) e o Cu^+ (iões cuprosos), são capazes de promover a formação de uma variedade de ERO através de reacções de Fenton[58].

Para além da produção de ERO através do sistema endógeno, as ERO são também produzidas por agentes externos, incluindo factores ambientais como a deficiência de nutrientes, o exercício aeróbico, bem como por poluentes (fumo, tabaco) e pela luz e radiação UV, etc.[59].

1.3.2 Química das espécies reactivas de oxigénio

Os organismos aeróbicos utilizam a molécula de oxigénio tripleto como aceitador de electrões durante a cadeia respiratória, obtendo $H2O$ como produto final (Eq.1)[60].

$$O_2 + 4e^- \longrightarrow 2H_2O \qquad (1)$$

A redução univalente de O_2 resulta na formação do anião superóxido (Eq.2),[61] $O_2^{\bullet-}$ tem uma semi-vida de cerca de 2-4 11s[62]. O superóxido sofre rapidamente uma redução de um eletrão na reação de Haber-Weiss e gera radicais mais tóxicos (Eq.3),[63]. Também pode reagir com o $NO^{\bullet}$ e produzir $ONOO^-$ (Eq.4),[64] que pode ser subsequentemente transformado em ácido peroxinitrito e depois em radical hidroxilo (Eq.5)[62].

$$O_2 + e^- \longrightarrow O_2^{\bullet-} \qquad (2)$$

$$O_2^{\bullet-} + H_2O_2 \longrightarrow HO^{\bullet} + O_2 + HO^- \qquad (3)$$

$$O_2^{\bullet-} + NO^{\bullet} \longrightarrow ONOO^- \qquad (4)$$

$$ONOO^- + H^+ \longrightarrow ONOOH \longrightarrow HO^{\bullet} + NO_2^{\bullet} \qquad (5)$$

O anião superóxido pode ser protonado e dar origem a $HO2^{\bullet}$,[65] uma espécie permeável à membrana com maior reatividade do que $O_2^{\bullet-}$ (Eq.6)[66].

$$O_2^{\bullet-} + H^+ \longrightarrow HO_2^{\bullet} \qquad (6)$$

A redução divalente da molécula de oxigénio leva à formação de peróxido de hidrogénio (Eq.7), $H2O2$ também produzido a partir da redução de um eletrão do anião superóxido (Eq.8)[67] . O peróxido de hidrogénio é um ERO permeável à membrana,[68] com uma semi-vida de cerca de 1 ms[62] . Na presença de metais de transição, o H_2O_2 sofre a reação de Fenton e gera o radical hidroxilo, muito reativo (Eq.9)[69] .

$$O_2 + 2e^- \longrightarrow H_2O_2 \qquad (7)$$

$$O_2^{\bullet-} + e^- \longrightarrow H_2O_2 \qquad (8)$$

$$H_2O_2 + Fe^{2+} \longrightarrow {}^{\bullet}OH + {}^-OH + Fe^{3+} \qquad (9)$$

O radical hidroxilo também é produzido pela redução de três electrões do oxigénio molecular (Eq.10)[70] .

$$O_2 + 3e^- \longrightarrow {}^{\bullet}OH \qquad (10)$$

1.3.3 Consequências dos ERO

Em níveis fisiológicos excessivos, as ERO podem induzir modificações oxidativas noutras espécies de oxigénio, proteínas ou lípidos, resultando em danos celulares e morte celular. Este excesso de ROS num sistema fisiológico é designado por stress oxidativo. Por conseguinte, a alteração dos níveis de ERO no espaço intracelular tem um impacto significativo na saúde e na doença[59] , como mostra a Figura 1-5.

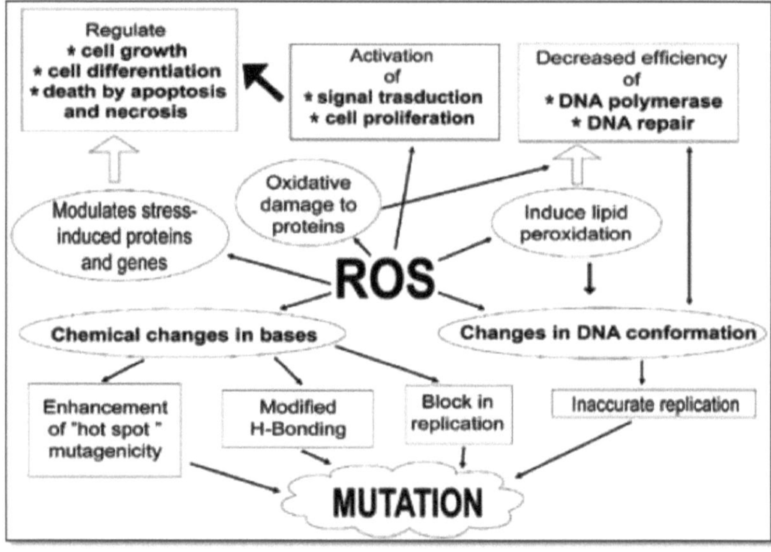

Figura 1-5: As consequências de níveis elevados de ROS[71] .

1.4. Peroxidação lipídica e malondialdeído

Os lípidos são as biomoléculas mais sensíveis aos efeitos dos radicais livres, e as ligações insaturadas dos ácidos gordos e do colesterol nas membranas celulares reagem muito facilmente com os radicais livres para formar produtos de peroxidação. A degradação oxidativa dos ácidos gordos polinsaturados (AGPI), conhecida como peroxidação lipídica e altamente nociva, processa-se como uma reação em cadeia auto-sustentada. Os peróxidos lipídicos (LP), que são um componente importante das membranas celulares, formam radicais RS- e ROO- com a presença de metais de transição como o Fe e o Cu. Desta forma, os sais de Fe e Cu aumentam a taxa de peroxidação lipídica e, consequentemente, reduzem a fluidez e a permeabilidade da membrana celular e causam a rutura da integridade da membrana[72] .

A peroxidação lipídica é uma reação em cadeia de radicais livres que é composta por três etapas principais: iniciação, propagação e terminação. Radicais altamente reactivos, como o $^\bullet$OH, atacam os AGPI, fazendo com que um átomo de hidrogénio seja removido do grupo metileno ($-CH_2-$) e, assim, iniciam a peroxidação lipídica. Os AGPI são muito sensíveis à peroxidação; à medida que o número de ligações duplas na cadeia lateral do ácido gordo aumenta, a clivagem do átomo de hidrogénio torna-se mais fácil. No entanto, os dienos conjugados reagem entre si nos limites das membranas ou noutros componentes das membranas, como as proteínas e o colesterol, em condições em que o O_2 é extremamente limitado. A criação de dienos conjugados é seguida de alterações na estrutura da ligação dupla da forma cis para a forma trans, o que pode facilitar o empacotamento mais apertado dos UFAs, contribuindo para o desenvolvimento de domínios mais rígidos no interior da bicamada de lípidos oxidados[73] .

Quando o átomo de hidrogénio deixa a molécula ao adquirir um eletrão, apenas um eletrão permanece no carbono do ácido gordo; Para

para eliminar o enfraquecimento da ligação C-H no átomo de carbono adjacente à ligação dupla, o radical centrado no carbono forma o dieno conjugado. O dieno conjugado reage com o oxigénio, originando o radical peroxilo lipídico (LOO^; o radical lipídico formado nesta etapa é importante porque inicia uma reação em cadeia ao remover o átomo de hidrogénio de outro ácido gordo. Os radicais peroxilo apresentam propriedades menos reactivas do que $^\bullet$OH; no entanto, podem atingir regiões mais distantes. Os radicais peroxilo podem reagir entre si, atacar as proteínas da membrana ou quebrar átomos de hidrogénio de cadeias de ácidos gordos vizinhas, levando à progressão da reação em cadeia da peroxidação lipídica. A peroxidação lipídica nas membranas biológicas pode levar à diminuição da fluidez e do potencial das membranas, ao aumento da permeabilidade ao H^+ e a outros iões, bem como à perturbação da integridade dos organelos ou das células[74] .

O processo de terminação é a última fase da peroxidação lipídica. Durante este processo, os LOOs são submetidos a um nexo causal recíproco ou autodestruem-se ou, desta forma, passam a formar produtos não radicais. Apesar do seu potencial de degradação quando expostos a temperaturas elevadas ou em contacto com iões metálicos de transição, os LOOH são um composto que permanece estável a temperaturas fisiológicas. Os radicais livres formados (LO\ LOO^) e os produtos electrofílicos (por exemplo, 4-hidroxinonenal) podem reagir com proteínas membranares vizinhas, bem como difundir-se com moléculas distantes, como o ADN [75].

O malondialdeído (MDA) é um dos vários produtos de decomposição dos LPs formados nas gorduras e óleos, nos alimentos e nos tecidos. É o mais extensivamente investigado destes produtos devido à sua reatividade com uma série de macromoléculas biológicas e à sua associação com a fisiopatologia de uma série de estados patológicos[76]. Quimicamente, o MDA é uma molécula orgânica pequena e reactiva que ocorre ubiquamente nos eucariotas, formada por três moléculas de carbono com dois grupos aldeído nas posições de carbono 1 e carbono 3. O MDA existe em diferentes formas em soluções aquosas devido à sua propriedade química tautomérica dependente do pH. A um pH superior ao seu pKa de 4,46, a forma dominante é o anião enólico, que apresenta uma baixa reatividade química[77]. O MDA também é produzido no processo de síntese de prostaglandinas[78].

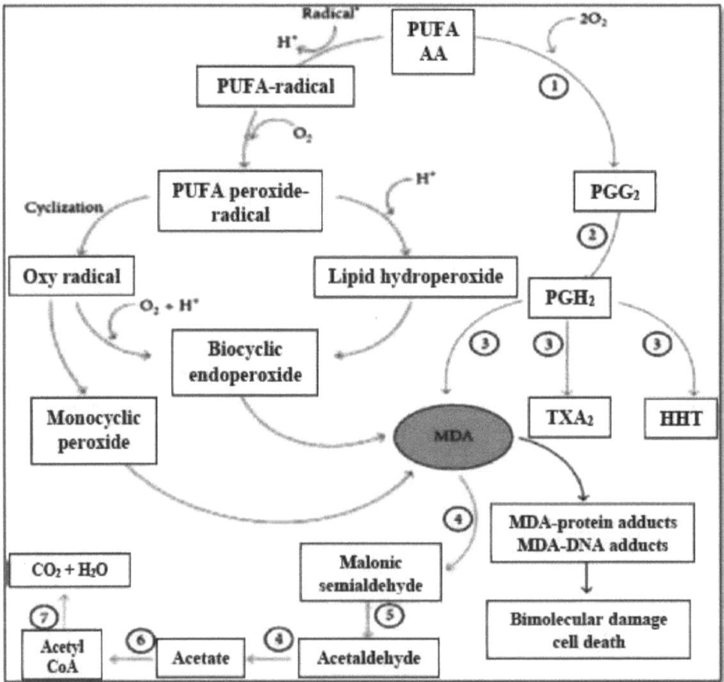

Figura 1-6: Processo de formação e metabolismo do malondialdeído[79].
A decomposição do ácido araquidónico (AA) e dos PUFAs como produtos secundários do processo enzimático durante a biossíntese do tromboxano A 2 (TXA 2) e do ácido 12-l-hidroxi5,8,10-hepadecatrienóico (HHT) (via azul) ou do processo não enzimático por endoperóxidos bicíclicos induzidos pela peroxidação lipídica (via vermelha) gera malondialdeído. O malondialdeído pode ser metabolizado enzimaticamente (via verde); as enzimas-chave na formação e no metabolismo do

malondialdeído são a ciclo-oxigenase, a prostaciclina hidroperoxidase, a tromboxano sintase, a aldeído desidrogenase, a descarboxilase, a acetil CoA sintase e o ciclo do ácido tricarboxílico.

O MDA interage facilmente com grupos funcionais de proteínas, lipoproteínas, ADN e ARN. A toxicidade do MDA resulta da sua capacidade de formar aductos de Michael com grupos tiol, facilitar a ligação cruzada de proteínas e causar mutagénese. Foi anteriormente implicado na patogénese da diabetes mellitus, no envelhecimento, na isquemia cerebral e noutras doenças neurodegenerativas. Além disso, foi demonstrada a acumulação de MDA em células que sofrem de stress de ER. A deteção do MDA baseia-se geralmente na sua reatividade com o ácido tiobarbitúrico (TBA), em que uma molécula de MDA reage com duas moléculas de TBA, produzindo um pigmento cor-de-rosa com absorção a 532 nm[80].

1.5. Sistema de Defesa Antioxidante

A saúde dos sistemas biológicos depende fortemente do sistema de defesa antioxidante para combater, reduzir e eliminar os radicais livres e os seus efeitos nocivos. Uma substância antioxidante pode ser definida como qualquer substância com a potencialidade de eliminar os radicais livres quando presente em baixa concentração[81] . Se este sistema falhar no seu dever, desenvolve-se o stress oxidativo[82] .

Os antioxidantes são introduzidos no corpo humano a partir de fontes endógenas ou da dieta, e são classificados como enzimáticos e não enzimáticos. A primeira classe inclui todos os antioxidantes que as células podem sintetizar a partir de blocos de construção mais pequenos. Por conseguinte, todos os antioxidantes enzimáticos são endógenos, bem como alguns não enzimáticos (ou seja, antioxidantes tióis e coenzima Q_{10}). Pelo contrário, os antioxidantes exógenos têm de ser ingeridos através da dieta, uma vez que a sua síntese é impossível nas células eucarióticas[83] .

Várias enzimas impedem a formação de radicais livres, algumas delas actuam diretamente na eliminação dos ERO (enzimas primárias), enquanto que as "enzimas secundárias" desempenham um papel indireto, apoiando outros antioxidantes endógenos[84] .

As enzimas primárias actuam diretamente sobre os principais ERO resultantes da redução incompleta do O_2, o O_2^- e o H_2O_2. A superóxido dismutase (SOD) elimina o primeiro, enquanto a catalase (CAT) e a glutatião peroxidase (GPX) eliminam o segundo. A SOD (E.C. 1.15.1.1) é uma metaloenzima que catalisa a dismutação do anião superóxido em H_2O_2 e oxigénio molecular. Por sua vez, o H_2O_2 pode ser removido por outros sistemas antioxidantes enzimáticos[85] .

As SODs podem ser divididas em quatro grupos, com diferentes cofactores metálicos. A SOD de cobre-zinco é mais abundante nos cloroplastos, no citosol e no espaço extracelular. A SOD de ferro encontra-se no citosol das plantas e nas células microbianas, enquanto as SOD de manganês são mitocondriais. A SOD também compete com o NO pelo anião superóxido. Por conseguinte, a SOD também reduz indiretamente a formação de outro ROS deletério, o peroxinitrito ($ONOO^-$), e aumenta a disponibilidade biológica de NO, um modulador essencial para a função endotelial[86]

A CAT (E.C. 1.11.1.6) é uma ferriheme oxidoredutase tetramérica, que catalisa a dismutação do H2O2 em água e oxigénio gasoso. A CAT está principalmente localizada nos peroxissomas e, apesar de ser ubíqua, a atividade mais elevada está presente no fígado e nos glóbulos vermelhos. A CAT funciona com um mecanismo de duas etapas, que se assemelha à formação, na primeira etapa, de um intermediário do composto I semelhante à peroxidase, que, por sua vez, se decompõe no estado de repouso após reação com uma segunda molécula de peróxido de hidrogénio[87] .

A GPX (E.C. 1.11.1.19) é uma oxidoredutase dependente de selénio, que utiliza H2O2 ou hidroperóxido orgânico como oxidante e o tripeptídeo GSH como dador de electrões, num ciclo catalítico típico da peroxidase de classe I. A família GPX é composta por oito isoenzimas (GPX1- 8). Cada enzima apresenta características peculiares. GPX1, 2, 3 e 4 incorporam selenocisteína (um aminoácido não-padrão, onde o átomo de enxofre do

A cisteína é substituída por selénio). A GPX6 contém selénio apenas em humanos, mas não em roedores; enquanto as GPX5, 7 e 8 não têm selénio, mas uma cisteína "normal" em vez disso[88] .

As enzimas secundárias são as que fornecem substratos reduzidos para os antioxidantes enzimáticos primários, sendo a glutatião redutase um exemplo importante desta categoria[83] .

As substâncias não enzimáticas que participam na primeira linha de defesa pertencem aos antioxidantes preventivos e no plasma sanguíneo são representadas pela ceruloplasmina, ferritina, transferrina e albumina. Estas proteínas inibem a formação de novas espécies reactivas através da ligação de iões de metais de transição (por exemplo, ferro e cobre). Também a metalotioneína desempenha um papel essencial na prevenção contra as espécies reactivas. As suas propriedades antioxidantes primárias resultam da presença de um grande número de grupos -SH[89] . Outros antioxidantes endógenos estão presentes no sistema vivo, como o ácido úrico,[90] glutatião reduzido (GSH),[91] coenzima Q10,[92] ácido lipóico,[93] bilirrubina,[94] e melatonina[95] .

Os antioxidantes exógenos têm de ser continuamente suplementados através da alimentação, uma vez que as suas vias de síntese estão normalmente presentes apenas em células microbianas ou vegetais. As vitaminas, duas das quais apresentam efeitos antioxidantes proeminentes, como as vitaminas C e E, pertencem a uma classe essencial de moléculas. Além disso, os carotenóides e os compostos polifenólicos são importantes antioxidantes dietéticos[83] .

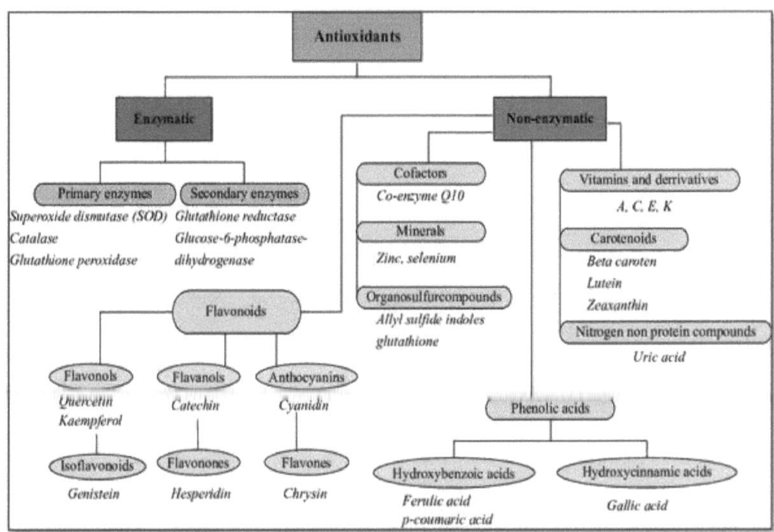

Figura 1-7: Classificação dos antioxidantes[96].

1.5.1 Glutatião

A GSH é um componente endógeno do metabolismo celular, um tripeptídeo composto por glicina, cisteína e ácido glutâmico. Está normalmente presente no fígado numa concentração de ~10 mmol/L. É parte integrante da biotransformação de substâncias xenobióticas e serve para proteger o organismo de agentes redutores[97]. A GSH é um importante antioxidante extracelular no pulmão e encontram-se concentrações elevadas no fluido de revestimento do epitélio pulmonar. Uma deficiência de GSH pode contribuir para os danos epiteliais [98]

A síntese de GSH requer duas etapas que envolvem reacções enzimáticas dependentes de adenosina trifosfato (ATP). A primeira etapa medeia a reação entre o glutamato e a cisteína por uma enzima denominada y-glutamilcisteína ligase (GCL). O glutamato tem dois grupos carboxilo, um dos quais se liga na posição y ao grupo amino da cisteína para formar um dipeptídeo, a y-glutamilcisteína. Esta etapa é a reação limitadora da taxa de síntese de GSH. O segundo passo para a síntese de GSH é mediado por outra enzima chamada GSH sintetase (GS), que liga a y-glutamilcisteína e a glicina para formar GSH[99].

A GSH reage de forma não enzimática com o superóxido, o óxido nítrico, o radical hidroxilo e o peroxinitrito como antioxidante, enquanto a GSH é utilizada enzimaticamente pela GPx e pela *GSH-S-transferase* (GST) como agente redutor contra os danos oxidativos. A GPx necessita de GSH como dador de electrões para reagir com H2O2 ou hidroperóxidos endógenos,[100] como se mostra na Figura 1-8.

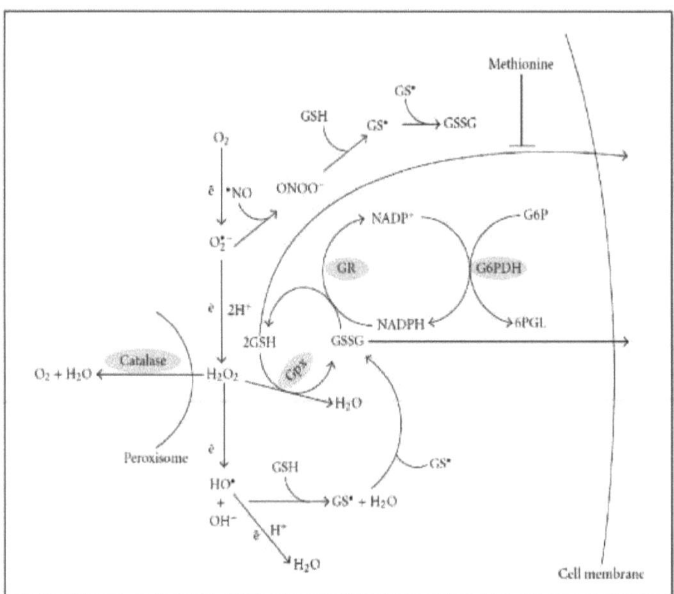

Figura 1-8: A atividade de eliminação de GSH[101] .

1.6. Oligoelementos

Os oligoelementos (ou metais vestigiais) são minerais presentes nos tecidos vivos em pequenas quantidades. Alguns deles são conhecidos por serem nutricionalmente essenciais, outros podem ser essenciais e os restantes são considerados não essenciais. Os oligoelementos funcionam principalmente como catalisadores em sistemas enzimáticos; alguns iões metálicos, como o ferro e o cobre, participam em reacções de oxidação-redução no metabolismo energético. O ferro, como constituinte da hemoglobina e da mioglobina, também desempenha um papel vital no transporte de oxigénio. Todos os oligoelementos são tóxicos se consumidos em níveis suficientemente elevados durante períodos suficientemente longos. A diferença entre os consumos tóxicos e os consumos ideais para satisfazer as necessidades fisiológicas de oligoelementos essenciais é grande para alguns elementos, mas é muito menor para outros[102] .

1.6.1 Zinco

O zinco (Zn) é um cofator essencial para muitas centenas de numerosas enzimas e proteínas reguladoras, representando cerca de 10% de todas as proteínas expressas[103] . O Zn nas enzimas pode ter um papel estrutural, como a ligação dos aminoácidos vizinhos Cys97, Cys100, Cys103 e Cys111 nas álcool desidrogenases, mantendo assim a estrutura tridimensional necessária da enzima ativa. No dímero da fosfatase alcalina, por outro lado, quatro átomos de zinco fazem parte do centro catalítico e estão diretamente envolvidos na reação. O zinco presente nas numerosas proteínas Zn-finger assegura a ligação estreita destes factores de transcrição a sequências específicas de ADN ou ARN, desempenhando assim um papel fundamental na regulação da expressão genética, frequentemente com grande especificidade tecidular[104].

Uma parte significativa dos efeitos biológicos do Zn é mediada pelo papel antioxidante e anti-inflamatório[105]. Os iões Zn são considerados como reguladores da homeostase redox. A atividade antioxidante do Zn^{2+} pode ser mediada pela sua interação direta com resíduos de aminoácidos que impedem a modificação oxidativa de moléculas de proteínas, pelo seu papel estrutural em antioxidantes enzimáticos (Cu/Zn-SOD) e pela síntese de metalotioneína. Simultaneamente, em concentrações crescentes, o Zn^{2+} pode possuir uma atividade pró-oxidante[106].

1.6.2 Cobre

O cobre (Cu) é um oligoelemento essencial[107]. Nos sistemas biológicos, o cobre existe como iões Cu^{2+} (cúprico) e Cu^+ (cuproso). O ião Cu^+ é insolúvel em fluidos biológicos e, por isso, está normalmente complexado com outras biomoléculas. O Cu é redox ativo e alterna entre estes estados de oxidação durante a catálise enzimática. Nas enzimas que contêm cobre (i.e., cuproenzimas), o Cu fixado na estrutura da proteína (num presumível local ativo) medeia reacções de transferência de um único eletrão envolvendo O_2[108].

O principal papel fisiológico do Cu nos seres humanos e noutros mamíferos é como cofator enzimático para várias enzimas. Muitas destas enzimas são oxidases que requerem cobre redox ativo (na forma oxidada ou reduzida) para mediar a transferência de um único eletrão entre um substrato biológico e o oxigénio molecular[109]. O centro catalítico de cobre liga-se ao oxigénio e liberta vários subprodutos de reação diferentes, incluindo H_2O, superóxido ou H_2O_2. Coletivamente, estas cuproproteínas são parte integrante de uma série de vias metabólicas relacionadas com processos biológicos fundamentais, como a produção de ATP, a estabilização do colagénio e do osso, o metabolismo do ferro, a dismutação do radical livre superóxido, a ativação de péptidos biogénicos e a síntese de neurotransmissores[110]. Além disso, não se sabe se o Cu influencia a estrutura das proteínas, ao contrário, por exemplo, do Zn, que é importante para manter a estrutura tridimensional da SOD Cu/Zn proteínas. No entanto, o cobre interage fisicamente com certas proteínas que estão envolvidas no seu transporte através das membranas biológicas (transportadores), distribuição intracelular (chaperonas) e armazenamento (metalotioneínas). Coletivamente, estas são classificadas como proteínas de ligação ao cobre[108].

1.6.3 Manganês

O manganês (Mn) é um nutriente essencial estabelecido para os seres humanos porque ativa numerosas enzimas e é um constituinte de várias metaloenzimas[111]. Estudos em animais e estudos limitados em humanos mostraram que o Mn, através das enzimas e metaloproteínas, está envolvido na função imunitária, na reprodução, na saúde óssea, no metabolismo dos açúcares e dos lípidos e na defesa das espécies reactivas de oxigénio. As enzimas que são activadas pelo Mn incluem oxidorredutases, liases, ligases, hidrolases, quinases, descarboxilases e transferases. No entanto, apenas um número limitado de enzimas é especificamente ativado pelo manganês; são elas as glicosiltranferases, a glutamina sintetase, a farnesil pirofosfato sintetase e a fosfoenolpiruvato carboxilase. A arginase, a piruvato carboxilase e a Mn-SOD são metaloenzimas que contêm Mn e que se encontram em animais e seres humanos[112].

O manganês desempenha um papel significativo no sistema de defesa dos radicais livres como Mn-SOD, que protege os glóbulos vermelhos e endoteliais e as mitocôndrias dos danos causados pelos radicais superóxidos[113].

1.6.4 Cádmio

O cádmio (Cd) é um metal químico branco-prateado, macio e dúctil. O Cd é considerado um metal tóxico e é perigoso tanto para os seres humanos como para a vida selvagem. Actua como mitogénio e promove o cancro em vários tecidos. Também estimula a proliferação celular, inibe a reparação do ADN e inibe a apoptose. Por um lado, induz a morte celular, o que leva a danos nos tecidos em

rim. Além disso, a interação entre o Cd^{2+} e a molécula da enzima inibiu a atividade da SOD e aumentou a peroxidação lipídica no fígado e nos rins[114].

1.6.5 Chumbo

O chumbo (Pb) é considerado um dos poluentes ambientais mais perigosos e cumulativos que afectam todos os sistemas biológicos através da exposição ao ar, à água e às fontes alimentares. A exposição ao Pb induz alterações patológicas clínicas através da toxicidade que ocorre nos rins e no sistema endócrino. O chumbo acumulado é tóxico na maioria das suas formas químicas, quer seja inalado ou ingerido na água ou nos alimentos. O grau de absorção do Pb administrado por via oral no hospedeiro é reduzido. No entanto, devido à sua lenta taxa de eliminação, os níveis nocivos de Pb podem acumular-se nos tecidos após exposição prolongada a baixas quantidades[115].

O chumbo pode aumentar indiretamente o stress oxidativo, actuando simultaneamente através de outros mecanismos toxicodinâmicos[116]. A exposição prolongada ao chumbo afecta insidiosamente os diferentes sistemas do organismo, conduzindo a disfunções hematopoiéticas, cardiovasculares, renais e hepáticas[117].

1.7. Teste de função hepática

1.7.1 Alanina Aminotransferase

A Alanina Aminotransferase (ALT; EC 2.6.1.2) é uma enzima localizada principalmente no citoplasma dos hepatócitos. A ALT, tal como outras enzimas aminotransferases, catalisa a interconversão de aminoácidos através da transferência de grupos amino[118]. A ALT catalisa a conversão reversível da alanina em glutamato, produzindo também piruvato,[119] como se mostra na Figura 19. Na maioria das espécies, a ALT encontra-se principalmente no citoplasma dos hepatócitos e

é libertado para o sangue quando ocorre uma lesão da membrana celular dos hepatócitos. Por conseguinte, é considerado um indicador da função hepática[118].

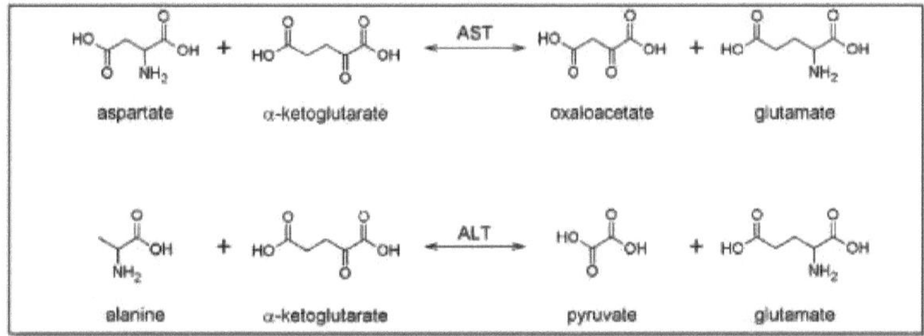

Figura 1-9: As reacções catalíticas da ALT e da AST[120] .

1.7.2 Aspartato Aminotransferase

A aspartato aminotransferase (AST; EC 2.6.1.1) encontra-se numa grande variedade de tecidos, mas tem concentrações elevadas no músculo esquelético, no músculo cardíaco, nos glóbulos vermelhos e no fígado. Um aumento da AST, por si só, não é sugestivo de danos em qualquer órgão ou tecido específico[121] . A AST catalisa a conversão do aspartato em glutamato, produzindo também oxaloacetato,[122] como se mostra na Figura 1-9.

1.7.3 Fosfatase alcalina

A fosfatase alcalina (ALP; EC 3.1.3.1) é uma enzima desfosforilante ativa em vários tecidos do corpo[123] . As ALPs são enzimas associadas à membrana, contendo Zn, que hidrolisam monofosfatos a um pH alcalino. Encontram-se numerosas isozimas de ALP no sangue[124] .

Na maioria das espécies de mamíferos, dois genes codificam para a ALP: um para a ALP intestinal e o outro para a ALP hepática, renal, óssea e de outros tecidos. As isozimas da ALP identificadas em diferentes tecidos, que são o resultado da mesma expressão genética, resultam de uma expressão órgão-específica.

modificação pós-traducional. Em animais de estimação exóticos, as isozimas ALP hepáticas, ósseas, intestinais e placentárias são importantes para o diagnóstico. A maioria dos ensaios de rotina mede a ALP sérica total[125] .

1.8. Teste da função renal

1.8.1 Ureia

A ureia é uma pequena molécula resultante do metabolismo dos aminoácidos através da oxidação do amoníaco. A ureia é produzida no organismo de forma contínua, principalmente pelo fígado, e encontra-se no sangue normalmente em baixas concentrações, sendo a maior parte eliminada na urina pelo rim[126] .

1.8.2 Ácido úrico

O ácido úrico é gerado a partir da conversão metabólica de purinas exógenas ou endógenas, principalmente no fígado e no intestino. O precursor imediato do ácido úrico é a xantina, que é metabolizada em ácido úrico pela xantina oxidase ou pela sua isoforma, a xantina desidrogenase. Aproximadamente dois terços do urato total do corpo são produzidos endogenamente, enquanto o restante um terço é constituído por

purinas dietéticas[127] .
1.8.3 Creatinina
A creatinina é um produto residual azotado produzido pela degradação da creatina, que é uma parte importante do músculo. A análise da creatinina sérica mede a quantidade de creatinina no sangue; é um indicador indireto da taxa de filtração glomerular renal e pode estimar a função renal[128] . A creatinina é filtrada pelo rim através do glomérulo renal e não é reabsorvida na região tubular renal .[126]

1.9. Perfil lipídico
Os lípidos são a principal fonte de energia do organismo e constituem também a barreira hidrofóbica que permite a divisão do conteúdo aquoso das células e das estruturas subcelulares. Além disso, os lípidos desempenham um papel importante na regulação e transporte de algumas vitaminas lipossolúveis ou nas funções de coenzima, e as prostaglandinas e as hormonas esteróides desempenham papéis importantes no controlo da homeostasia do organismo[129] .

O colesterol (CT) é um componente essencial das membranas celulares e também actua como fonte de hormonas esteróides e ácidos biliares. Está presente na alimentação e é também sintetizado no fígado. O colesterol tem uma estrutura anelar de quatro membros com uma cadeia lateral que contém um grupo hidroxilo[130] . Na circulação, a maioria das moléculas de colesterol existe como éster de colesterol, em que o grupo hidroxilo reage com um ácido gordo[131] .

Os triglicéridos (TG) são formados pela esterificação da molécula de glicerol, que possui três grupos hidroxilo, com três moléculas de ácido gordo. Existem duas fontes principais de TG, exógenas e endógenas. Os TG exógenos referem-se aos TG dietéticos, que são os principais lípidos da dieta[132] . Os TG armazenam gordura no tecido adiposo (células adiposas) quando a procura de combustível no organismo é inferior à da dieta[133] . Os TGs elevados são um fator de risco significativo para a diabetes e as doenças cardíacas, uma vez que são diagnosticados com um metabolismo anormal das lipoproteínas em concentrações séricas elevadas .[134]

As lipoproteínas são grandes complexos lípidos/proteínas que desempenham um papel importante no transporte de lípidos e moléculas lipofílicas no plasma e no sistema nervoso central (SNC). As lipoproteínas são classificadas com base na sua densidade, variando entre as lipoproteínas de alta densidade (HDL), as lipoproteínas de baixa densidade (LDL), as lipoproteínas de densidade intermédia (IDL), as lipoproteínas de densidade muito baixa (VLDL) e os quilomícrons (CM)[135] . As lipoproteínas do plasma humano foram inicialmente designadas e caracterizadas com base na sua densidade, determinada por ultracentrifugação em gradiente. As HDL são lipoproteínas de tamanho reduzido e ricas em proteínas, conhecidas como facilitadoras da interrupção do risco de doença coronária (CHD). Uma das principais funções das HDLs é o transporte do excesso de colesterol, que não é catabolizado em células não hepáticas, de locais periféricos, como macrófagos da parede arterial e células musculares lisas, para o fígado para excreção na bílis [136] .

O LDL é a lipoproteína mais abundante na circulação que transporta o colesterol do fígado para os tecidos que o integram na membrana celular[137] . Desempenha um papel importante na maturação da aterosclerose e das doenças cardiovasculares, em que o colesterol LDL forma um depósito de gordura nas paredes arteriais que se transformam em placas que crescem, se partem e estimulam a criação de coágulos sanguíneos arteriais. O HDL remove o colesterol LDL nocivo das artérias e devolve-o ao fígado[138] .

O VLDL é uma lipoproteína gerada pelo fígado que permite que as gorduras e o colesterol passem através da solução aquosa da corrente sanguínea. A maioria dos quilomícrons e VLDL são TGs. As partículas de lipoproteínas de densidade muito baixa são montadas e segregadas nas células do fígado[139] . Além disso, as VLDL são formadas no fígado a partir de TGs, colesterol e apolipoproteínas. Quando a produção de TG no fígado aumenta, as partículas de VLDL segregadas são grandes. As VLDL transportam produtos endógenos, enquanto os quilomícrons transportam produtos exógenos (dietéticos) .[140]

1.10. Objectivos do estudo

O presente estudo teve como objetivo investigar o papel da poluição e da radiação em estações eléctricas e torres de telemóveis na função tiroideia e na homeostase redox no sistema vital dos trabalhadores, o que foi conseguido através de

1. Avaliar as diferenças de TSH, T3 e T4 entre indivíduos de controlo e expostos, para prever o efeito da poluição e da radiação no ThG.

2. Avaliar as diferenças no estado oxidante total (TOS) e no MDA entre indivíduos de controlo e expostos.

3. Avaliar as diferenças na capacidade antioxidante total (TAC) e GSH entre indivíduos de controlo e expostos.

4. Determinação de alguns dos elementos vestigiais (Zn, Cu, Mn, Cd e Pb) no soro de indivíduos de controlo e expostos, a fim de avaliar o estado de envenenamento.

5. Estudar a relação entre o stress oxidativo, os antioxidantes e os oligoelementos com algumas das enzimas e metabolitos no soro, incluindo: ALT, AST, ALP, ureia, creatinina, ácido úrico, TGs, TC, HDL, LDL e VLDL.

CAPÍTULO 2

Material e MÉTODOS

2.1. Produtos químicos e kits

Os produtos químicos e kits utilizados no estudo são enumerados no Quadro 2-1, com as respectivas empresas fornecedoras.

Tabela 2-1: Produtos químicos e kits do estudo.

NÃO.	Material	Empresa	País
1	Acetona	BDH	EUA
2	Kit ALP	Linear	Espanha
3	Kit ALT	Linear	Espanha
4	Sulfato de ferro(II) de amónio 6-hidratado	Merck	Alemanha
5	Kit AST	Linear	Espanha
6	Kit de creatinina	Linear	Espanha
7	Reagente DTNB	Merck	Alemanha
8	Glicerol	Merck	Alemanha
9	Kit HDL	Linear	Espanha
10	Ácido clorídrico	Merck	Alemanha
11	Peróxido de hidrogénio	Merck	Alemanha
12	O-dianisidina	Merck	Alemanha
13	Cloreto de potássio	Merck	Alemanha
14	Cloreto de sódio	Merck	Alemanha
15	Ácido sulfúrico	Merck	Alemanha
16	Kit T3	Cobas, Roche	Alemanha
17	Kit T4	Cobas, Roche	Alemanha
18	Kit TC	Linear	Espanha
19	Kit TGs	Linear	Espanha
20	Ácido tiobarbitúrico	BDH	EUA
21	Ácido tri-cloroacético	BDH	EUA
22	Kit TSH	Cobas, Roche	Alemanha
23	Kit de ureia	Linear	Espanha
24	Kit de ácido úrico	Linear	Espanha
25	Vitamina C	Merck	Alemanha
26	Xilenol laranja	Merck	Alemanha

2.2. Instrumentos

As ferramentas e instrumentos utilizados no estudo são enumerados no Quadro 2-2 com os respectivos modelos.

Quadro 2-2: Lista dos instrumentos utilizados no estudo.

N.o Instrumento Modelo País

1	Centrifugadora	Beckman modelo TJ-6	Alemanha
2	Congelador	Beko	China
5	Analisador de hormonas	Cobas e411, Roche	Alemanha
6	Frigorífico	Concórdia	EUA
7	Espectrofotómetro visível	PD-303 APEL	Japão
8	Banho de água	Memmert	Alemanha
9	Espectrofotómetro de absorção atómica de chama	NOVA, A300	Alemanha
10	Espectrofotómetro de absorção atómica sem chama	210VGP, buck scientific	EUA

2.3. Temas

Foram incluídas no estudo 40 pessoas que trabalhavam em subestações eléctricas recolhidas nas subestações eléctricas do Ministério da Eletricidade - a Companhia Geral de Distribuição de Eletricidade de Bagdade, com idades compreendidas entre os 19 e os 60 anos, e outras 40 pessoas que trabalhavam em torres de comunicação, com idades compreendidas entre os 26 e os 55 anos. Outras 40 pessoas eram completamente saudáveis (com idades compreendidas entre os 21 e os 55 anos) e, para além destes dois locais, foram voluntárias como controlo do estudo. Os indivíduos eram todos do sexo masculino e foram recolhidos de novembro de 2021 a janeiro de 2022.

2.4. Coleção de espécimes

O sangue venoso foi recolhido de cada indivíduo e dividido em EDTA e tubos de gel. O sangue nos tubos de gel foi centrifugado a 1500 xg durante 10 minutos e o soro separado foi armazenado em quatro tubos Eppendorf e conservado a -20 °C até à análise.

O sangue nos tubos de EDTA foi analisado no prazo de 2 dias após a colheita para os elementos Pb e Cd.

2.5. Conceção geral

O estudo foi concebido para investigar a influência da radiação e da poluição nos trabalhadores do sexo masculino das subestações eléctricas e das torres de comunicações e foi controlado com pessoas saudáveis que se encontram fora destes dois locais. O sangue de cada indivíduo foi analisado para o teste da função tiroideia, stress oxidativo e antioxidantes, oligoelementos, teste do perfil lipídico, função renal e testes da função hepática, como se mostra na Figura 2-1.

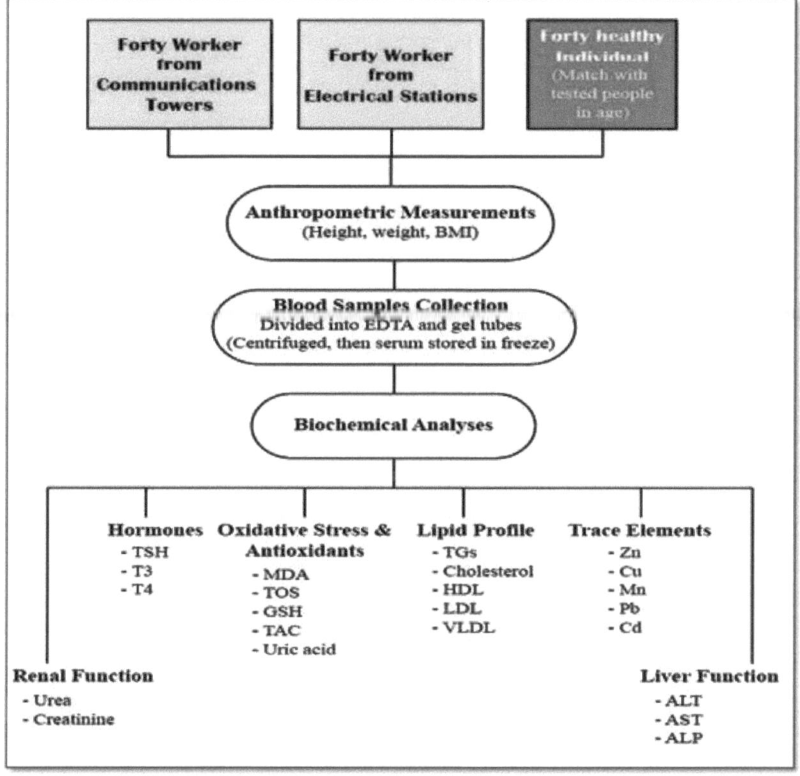

Figura 2-1: Diagrama do plano de estudo.

2.6. Cálculo do índice de massa corporal

O índice de massa corporal (IMC) foi calculado com base numa equação matemática que toma a altura e o peso como parâmetros para indicar a categoria de peso das pessoas. IMC (kg.m^{-2}) = peso (kg) / altura (m)^{2}[141] .

2.7. Métodos

2.7.1 Teste da função tiroideia

A determinação das hormonas da função tiroideia foi efectuada nos laboratórios do Centro de Endocrinologia e Diabetes - Bagdade, Al-Rusafa.

2.7.1.1 Determinação da TSH

Princípio

O ensaio Elecsys TSH utiliza anticorpos monoclonais especificamente dirigidos contra a TSH humana. Os anticorpos marcados com o complexo de ruténio (complexo Tris(2,2'-bipiridil)ruténio(II)) consistem numa construção quimérica de componentes específicos do homem e do rato. Como resultado, os efeitos interferentes devidos a HAMA (anticorpos humanos anti-rato) são largamente eliminados.

- Reagentes

Os reagentes que foram fornecidos com o kit estão listados na Tabela 2-3.

Quadro 2-3: Reagentes do kit TSH cobas.

Reagente	Materiais
M	Micropartículas revestidas com estreptavidina.
R1	Anticorpo monoclonal anti-TSH biotinilado (ratinho) e tampão fosfato 100 mmol/L, pH 7,2.
R2	Anticorpo monoclonal anti-TSH (ratinho/humano) marcado com complexo de ruténio e tampão fosfato 100 mmol/L, pH 7,2.

- Procedimento

O procedimento foi totalmente automatizado e efectuado pelo dispositivo cobas e411. Depois de o dispositivo ter retirado 50 ,uL das amostras de soro, executou os seguintes passos:

1) Reagiram 50 ,uL de amostra de soro, um anticorpo monoclonal específico da TSH biotinilado e um anticorpo monoclonal específico da TSH marcado com um complexo de ruténio, para formar um complexo em sanduíche.

2) Após a adição de micropartículas revestidas com estreptavidina, o complexo ligou-se à fase sólida através da interação da biotina e da estreptavidina.

3) A mistura de reação foi aspirada para a célula de medição, onde as micropartículas são magneticamente capturadas na superfície do elétrodo. As substâncias não ligadas foram então removidas com ProCell/ProCell M. A aplicação de uma tensão ao elétrodo induziu então a emissão quimioluminescente, que foi medida por um fotomultiplicador.

4) Os resultados foram determinados através de uma curva de calibração gerada especificamente para o instrumento através de uma calibração de 2 pontos e de uma curva principal fornecida através do código de barras do reagente.

2.7.1.2 Determinação de T3 e T4

- Princípio

Elecsys T3 or T4 assay um anticorpo específico anti-T3 ou anti-T4, marcado com um complexo de ruténio, é utilizado para determinar a concentração de triiodotironina.

- Reagentes

Os reagentes que foram fornecidos com o kit estão listados na Tabela 2-4.

Tabela 2-4: Reagentes do kit T3 ou T4 cobas.

Reagente	Materiais
M	Micropartículas revestidas com estreptavidina.
R1	Anticorpo monoclonal anti-T3 ou anticorpo anti-T4 (ovino)

	marcado com complexo de ruténio e tampão fosfato 100 mmol/L, pH 7,0.
R2	T3 biotinilado ou T4 biotinilado, e tampão fosfato 100 mmol/L, pH 7,0.

- Procedimento

O procedimento foi totalmente automatizado e efectuado pelo aparelho cobas e411. Depois de o aparelho ter retirado 15 ,uL das amostras de soro, executou os seguintes passos:

1) Reagiu-se com 15 ,uL de amostra de soro e um anticorpo específico anti-T3 ou um anticorpo específico anti-T4 marcado com um complexo de ruténio.

2) Após a adição de T3 biotinilado e de micropartículas revestidas com estreptavidina, os locais de ligação ainda livres do anticorpo marcado ficaram ocupados, com

formação de um complexo anticorpo-hapteno. Todo o complexo foi ligado à fase sólida através da interação da biotina e da estreptavidina.

3) A mistura de reação foi aspirada para a célula de medição, onde as micropartículas são magneticamente capturadas na superfície do elétrodo. As substâncias não ligadas foram então removidas com ProCell/ProCell M. A aplicação de uma tensão ao elétrodo induziu então a emissão quimioluminescente, que foi medida por um fotomultiplicador.

4) Os resultados foram determinados através de uma curva de calibração gerada especificamente para o instrumento através de uma calibração de 2 pontos e de uma curva principal fornecida através do código de barras do reagente.

2.7.2 Determinação do MDA

O nível de MDA foi determinado utilizando o método espetrofotométrico desenvolvido por Benge e Aust[142] .

- Princípio

O MDA é um produto final da peroxidação lipídica e um marcador considerável do stress oxidativo. Este método utiliza a reatividade do ácido tiobarbitúrico (TBA) com o MDA presente no soro para produzir uma solução colorida, cuja absorvância é lida a 535nm.

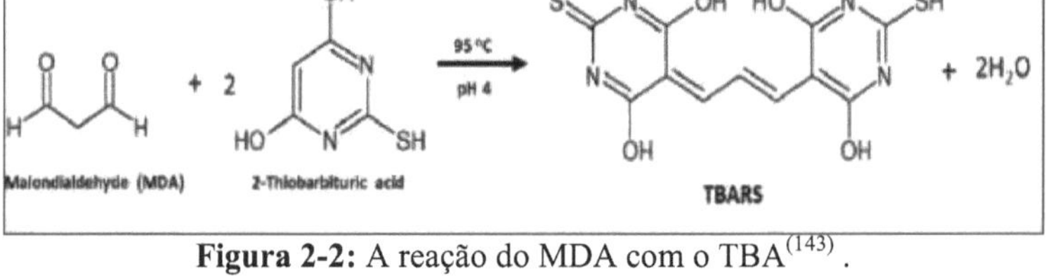

Figura 2-2: A reação do MDA com o TBA[143] .

- Reagentes

Para preparar a solução de trabalho, um volume de 75 mL de ácido tricloroacético (TCA) 0,2 M foi misturado com 2 mL de HCl concentrado e 0,375 g de ácido tiobarbitúrico (TBA) e o volume final foi completado para 100 mL com água destilada.

- Procedimento

1) Adicionou-se um volume de 2 mL de solução de trabalho a 1 mL de soro e colocou-se o tubo no banho-maria a 100 °C durante 10 minutos.

2) Em seguida, a mistura dos tubos foi centrifugada a 1500 xg durante 10 minutos.

3) A solução foi transferida para uma célula de medição espectrofotométrica e a absorvância foi lida a 535 nm.

- Cálculos

A concentração de MDA em cada amostra foi calculada de acordo com a seguinte equação:

$$MDA\ (\mu mol/L) = \frac{A_{test} - A_{Blank}}{E \times b} \times 10^6$$

s: Coeficiente de extinção do MDA ($1{,}56 \times 10^5\ M^{-1}\ cm^{-1}$).

b: Comprimento do caminho.

2.7.3 Determinação da TOS

- Princípio

O método Erel foi utilizado para determinar o valor do estado oxidante total nas amostras[144] . Os oxidantes presentes na amostra oxidam o ião ferroso-O-

complexo de dianisidina em ião férrico. A reação de oxidação é reforçada pelas moléculas de glicerol, que estão presentes em abundância no meio de reação. O ião férrico forma um complexo colorido com o xilenol laranja num meio ácido. A intensidade da cor, que pode ser medida espectrofotometricamente, está relacionada com a quantidade total de moléculas oxidantes presentes na amostra. O ensaio é calibrado com peróxido de hidrogénio e os resultados são expressos em termos de equivalente micromolar de peróxido de hidrogénio por litro (д mol H2O2 Eq./L).

- Reagentes

1) Reagente A: Um peso de 114 mg de laranja de xilenol e 8,18 g de NaCl foram dissolvidos em 900 mL de solução de H2SO4 25 mM, depois foram adicionados 100 mL de glicerol à solução. O reagente foi armazenado no frigorífico a 4 °C.

2) Reagente B: Dissolveram-se 1,96 g de sulfato de amónio ferroso e 2,44 g de O-dianisidina em 1000 ml de solução de H2SO4 25 mM. O reagente foi armazenado no frigorífico a 4 °C.

3) Soluções padrão: Esta solução foi preparada diluindo (13 ,uL) de peróxido de hidrogénio comercial (15%) (485x104 LI\1) até (1 L) com água destilada, a concentração final de H2O2 foi de 200 iiM. A partir de 200 11M de H2O2, preparou-se uma série de soluções padrão (0, 13, 26, 53, 79,105 11L) utilizando a equação de diluição (M1V1=M2V2). Em seguida, os volumes foram completados até 105 LL com água desionizada para obter uma concentração final de (0, 25, 50,100, 150, 200 gmol/L) de peróxido de hidrogénio.

- Procedimento

1) Adicionou-se um volume de 625 uL do reagente A a 105 uL de cada tubo de peróxido de hidrogénio padrão e a 105 uL das amostras de soro (controlo e doentes). Em seguida, procedeu-se à leitura da primeira absorvância (A_1) a um comprimento de onda (X) de 560 nm.

2) Adicionou-se a cada tubo um volume de 33 uL de reagente B, deixou-se repousar durante 4 minutos e mediu-se a segunda absorvância (A_2).

3) As diferenças de A $(\Delta A=A_2-A_1)$ foram calculadas para cada tubo.

- Cálculos

O nível de TOS foi determinado a partir da construção de uma curva-padrão entre as concentrações de H2O2 no eixo X e o AA correspondente no eixo Y e, em seguida, foi aplicada a equação de regressão linear (Figura 2-3) para determinar o nível de TOS no soro (^mol H2O2 Eq./L).

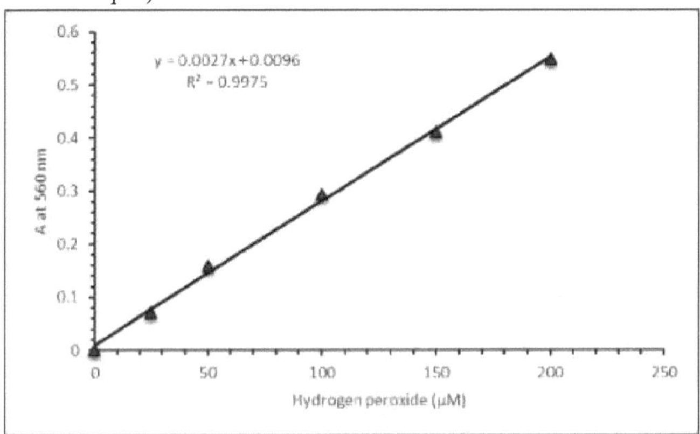

Figura 2-3: Curva padrão de H2O2.

2.7.4 Determinação de GSH

Princípio

A concentração de tiol no soro foi medida de acordo com o método de Ellman, que se baseia na reação entre grupos tiol e o ácido 5,5'-ditiobis-(2-nitrobenzóico) incolor, vulgarmente conhecido como DTNB, que produz um composto de cor amarela[145] . A absorvância da solução de cor amarela é proporcional à concentração de GSH no soro.

- Reagentes

(a) O NaH2PO4 (0,2M) foi preparado dissolvendo (0,2g) em (100mL) de água desionizada.

(b) Na2HPO4 (0,2M) foi preparado dissolvendo (0,2g) em (100mL) de água desionizada.

(1) Reagente A: (Tampão fosfato (0,2M), pH=7) foi preparado misturando 41mL de (b) com 9mL de (a). O volume foi completado para 100mL com água desionizada e o pH foi ajustado.

(2) Reagente B: (Tampão fosfato (0,2M), pH=8) foi preparado misturando 5mL de (a) com 45mL de (b) e o volume foi completado para 100mL com água desionizada, e o pH foi ajustado antes e depois da adição de água desionizada.

(3) Reagente C (reagente de DTNB): Esta solução é preparada dissolvendo (39,6 mg) de DTNB em 10 mL do reagente A, adicionando uma pequena quantidade de Na_2CO_3.

- Procedimento

1) 20gL de soro foram adicionados a 1000gL de água desionizada num tubo de ensaio.

2) Em seguida, adicionou-se 1000 gL do reagente B e misturou-se bem.

3) Foram retirados 1500gL da mistura acima referida e adicionados 20 iiL de reagente C. A solução foi bem misturada e incubada a 37 C durante 60 min.

4) O branco foi preparado da mesma forma que nas etapas 1, 2 e 3, com a exceção de que foi adicionado o mesmo volume de água desionizada em vez de soro na etapa 1.

5) A absorvância foi lida a $\lambda=420nm$.

- Cálculos

O nível de GSH é calculado de acordo com a equação:

$$GSH\ (\mu mol/L) = (T\text{-}B) \times d.f/\varepsilon \times 10^6$$

T: Absorvância do ensaio

ε: Coeficiente de extinção $=13600\ M^{-1}.cm^{-1}$

B: Absorvância do branco

d.f: Fator de diluição =102

2.7.5 Determinação do TAC

O método Erel foi utilizado para determinar o valor de TAC nas amostras[144]. Uma solução padronizada de complexo Fe^{2+}-O-dianisidina reage com uma solução padronizada de H2O2 através de uma reação do tipo Fenton, produzindo *OH. Estas potentes ROS oxidam as moléculas incolores reduzidas de O-dianisidina em radicais dianisidilo de cor castanho-amarelada a pH baixo. As reacções de oxidação progridem entre os radicais dianisidilo e desenvolvem-se outras reacções de oxidação. A formação de cor aumenta com a continuação das reacções de oxidação. Os antioxidantes presentes na amostra suprimem as reacções de oxidação e a formação de cor.

- Reagentes

1) Reagente A: (a) Um peso de 5,591 g de KCl foi dissolvido em 1000 mL de água desionizada. Ácido clorídrico de grau reagente 36,5%, 6,41 mL foi diluído para 1L com água desionizada. A solução de KCl preparada, 800 mL, foi misturada com 200 mL de solução concentrada de HCl para obter a solução de Clark e Lubs.

(b) Dissolver 2,44 g de O-dianisidina numa pequena quantidade de acetona, adicionar 0,01764 g de Fe(NH4)2(SO4)2.6H2O (concentração final, ^{45} µM) e completar o volume para 1000 mL com solução de Clark e Lubs.

2) Reagente B: Um volume de 0,5 mL de solução de H2O2 a 15% foi diluído para 1L com a solução de Clark e Lubs. A concentração de peróxido de hidrogénio foi confirmada espectrofotometricamente através da medição da absorvância a 240 nm. O reagente foi armazenado no frigorífico a 4 °C.

3) Soluções padrão: Esta solução foi preparada dissolvendo 0,174 g de vitamina C em 1L de água desionizada (a concentração final foi de 2mM). Diferentes concentrações padrão de vitamina C (0, 0,4, 0,8, 1,2, 1,6 e 2,0) mM foram preparadas a partir de uma solução de vitamina C 2,0 mM.

- Procedimento

1) Adicionou-se um volume de 1000 gL de reagente A a 25 µL de cada tubo de peróxido de hidrogénio padrão e a 25 , µL de amostras de soro (controlo e doentes). Em seguida, procedeu-se à leitura da primeira absorvância (AI) a um comprimento de onda (X) de 444 nm.

2) Adicionou-se um volume de 50, µL de reagente B a cada tubo, deixou-se repousar durante 4 minutos e mediu-se a segunda absorvância (A2).

3) As diferenças de A $^{(\Delta A=A_2-A_1)}$ foram calculadas para cada tubo.

- Cálculos

O nível de TAC foi determinado a partir da construção de uma curva-padrão entre as concentrações de vitamina C no eixo X e o correspondente ΔA no eixo Y, depois aplicou-se a equação linear de regressão (Figura 2-4) para determinar o nível de TAC no soro (^mol Vit C Eq./L).

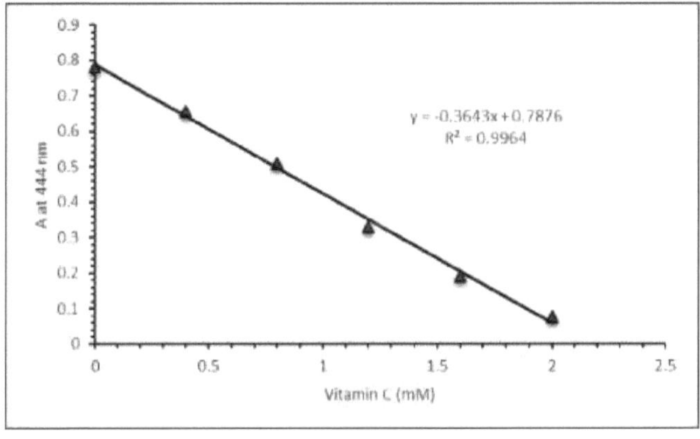

Figura 2-4: Curva padrão de vitamina C.

2.7.6 Determinação do ácido úrico
- Princípio

O ácido úrico é oxidado pela uricase em alantoína com a formação de peróxido de hidrogénio. Na presença de peroxidase (POD), uma mistura de sulfonato de diclorofenol (DCBS) e 4-aminoantipirina (4-AA) é oxidada pelo peróxido de hidrogénio para formar um corante quinoneimina proporcional à concentração de ácido úrico na amostra[i46] .

- Reagentes

Os reagentes do kit estavam prontos a funcionar, a Figura 2-5 mostra as composições dos componentes do kit.

R1 Monoreagente. Tampão fosfato 100 mmol/L pH 7.8, uricase > 0.5 KU/L, peroxidase > 0.5 KU/L, ascorbato oxidase > 1 KU/L, 4-aminoantipirina 0.5 mmol/L, DCBS 2 mmol/L, tensioactivos não-iónicos 2 g/L (w/v). Biocidas.

CAL Padrão de ácido úrico. Ácido úrico 6 mg/dL (357 pmol/L). Padrão primário baseado em matriz orgânica. O valor da concentração é rastreável ao Material de Referência Padrão 909b.

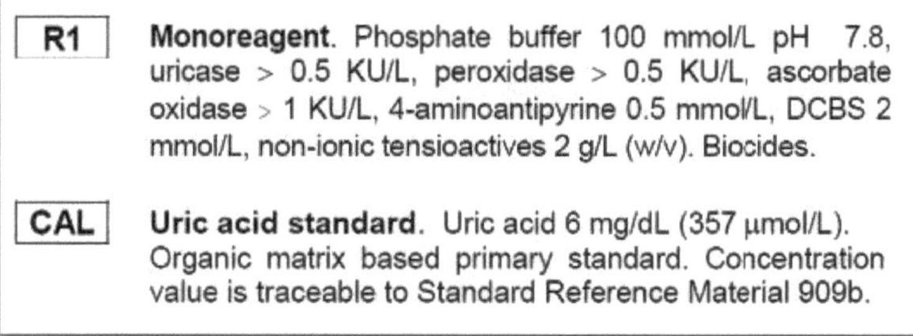

Figura 2-5: Reagentes do kit de ácido úrico.

- Procedimento

1) No tubo padrão, adicionou-se 1mL de R1, seguido da adição de 20 pL de solução padrão de ácido úrico.

2) Nos tubos de amostragem, foi adicionado 1mL de R1, seguido da adição de 20pL de soro do sujeito.

3) Os tubos foram bem misturados e incubados a 37°C durante 5 minutos. Em seguida, a absorvância foi lida contra o branco a 520nm.

- Cálculos

A concentração de ácido úrico em cada amostra foi calculada de acordo com a seguinte equação:

$$\text{Uric acid (mg/dL)} = \frac{A_{test}}{A_{Standard}} \times 6 \text{ mg/dL}$$

2.7.7 Determinação de elementos vestigiais

A determinação dos oligoelementos foi efectuada nos laboratórios do Poison Center - Baghdad Medical City. As instruções dos procedimentos que foram utilizados para a determinação dos oligoelementos são apresentadas no Quadro 2-6.

Tabela 2-5: Instruções para a determinação de oligoelementos.

Elemento	Modo de chama	1 (nm)	Largura da fenda (nm)	Combustão Gás
Zn	Chama	213.9	0.7	Gás acetileno
Cu	Chama	324.7	0.7	Gás acetileno
Mn	Sem chama	279.5	0.2	Gás nitrogénio
Pb	Chama	287	0.7	Gás acetileno
Cd	Sem chama	228.8	0.5	Gás nitrogénio

2.7.7.1 Determinação de Zn e Cu

- Princípio

A determinação de Zn e Cu nas amostras de soro foi efectuada utilizando a tecnologia de absorção atómica por chama. Os analitos (Zn e Cu) são atomizados por meio de uma chama. No início, as substâncias a analisar são aspiradas através de um pequeno tubo e transportadas para o nebulizador, onde são fragmentadas num aerossol fino. Em seguida, o aerossol é transportado para a chama por um gás de transporte e dividido em átomos.

- Procedimento

1) As seguintes concentrações das soluções normais de trabalho (0,2, 0,4, 0,8, 1,6 e 2 iig-cIL) de zinco e cobre foram preparadas a partir de uma solução-mãe (1000 rig-dL) por diluição com água destilada deionizada, a fim de preparar uma curva de calibração padrão.

2) As amostras congeladas de doentes e de controlo tiveram de ser descongeladas à temperatura ambiente antes de serem misturadas suavemente. Um total de 0,5 ml de cada amostra foi diluído 10 vezes em água desionizada e bem misturado.

3) Em seguida, utilizando a espetrofotometria de absorção atómica de chama, o Zn e o Cu foram determinados a X de 213,9 nm e 324,7 nm, respetivamente.

- Cálculos

As concentrações de Cu e Zn foram determinadas em amostras de soro utilizando a equação de regressão do gráfico linear, que foi construído traçando a linha nos pontos entre a concentração no eixo X e a absorvância no eixo Y. A Figura 2-6 mostra a curva-padrão de Zn e a Figura 2-7 mostra a curva-padrão de Cu.

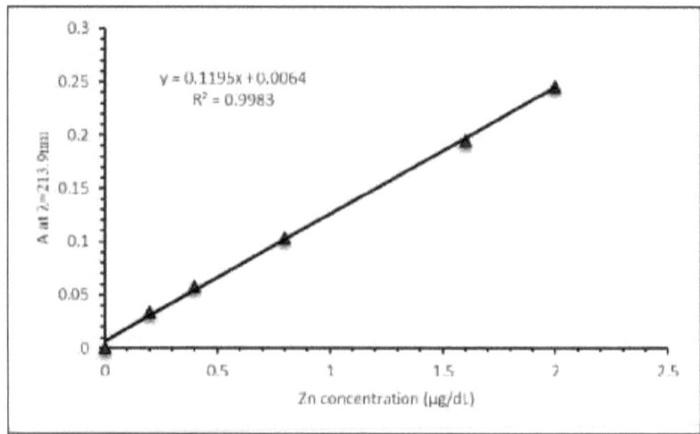

Figura 2-6: Curva-padrão de Zn.

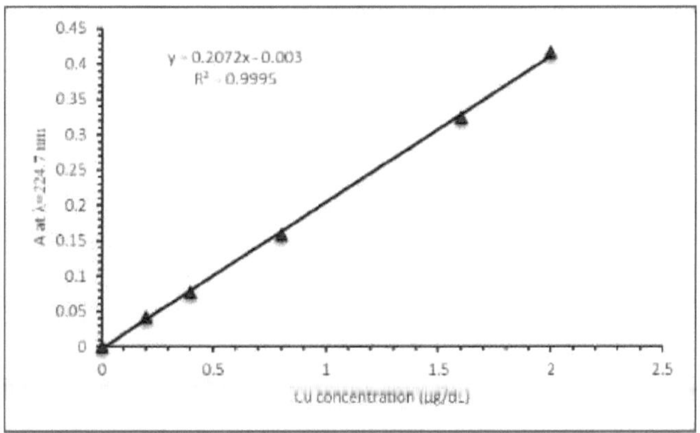

Figure 2-7: Standard curve of Cu.

2.7.7.2 Determinação do Mn
- **Princípio**

A determinação de Mn nas amostras de soro foi efectuada utilizando a tecnologia de absorção atómica sem chama. A abordagem sem chama depende de uma fonte de atomização não inflamável (tubo de grafite). O tubo é então aquecido eletricamente e, em consequência, a amostra é seca a 100-200 °C, seguindo-se uma pirólise a 500-1400 °C para degradar o conteúdo orgânico da amostra, que produz um fumo que é expelido por um fluxo de gás de azoto. O método requer também uma fonte de radiação, que é uma lâmpada de cátodo oco (HCL) caracterizada para cada elemento.

- **Procedimento**

1) As seguintes concentrações das soluções de trabalho normais (0, 3, 6, 9, 12, 15 e 18 iig/dL) de Mn foram preparadas a partir de uma solução-mãe (1000 iig/dL) por diluição com água destilada deionizada, a fim de preparar uma curva de calibração padrão.

2) As amostras de soro $(25\mu L)$ foram diluídas 50 vezes com cloreto de lantânio, para evitar o efeito do fosfato do soro nos resultados.

3) Em seguida, foram injectados 25 ml de amostras no tubo de grafite e iniciou-se a espetrofotometria de absorção atómica sem chama, de acordo com as instruções do quadro 2-6. A absorvância do Mn foi medida a 279,5 nm (X).

- Cálculos

As concentrações de Mn foram determinadas em amostras de soro utilizando a equação de regressão do gráfico linear, que foi construído traçando a linha nos pontos entre a concentração no eixo X e a absorvância no eixo Y. A figura 2-8 mostra a curva padrão de Mn.

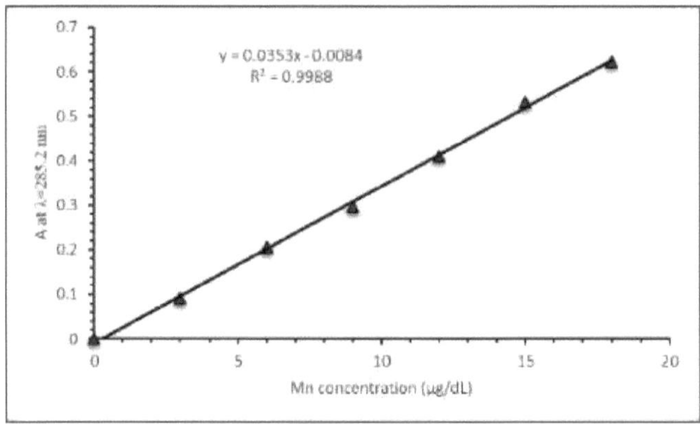

Figura 2-8: Curva-padrão de Mn.

2.7.7.2 Determinação de Pb e Cd

- Princípio

Os níveis de Pb e Cd foram determinados no sangue dos doentes e do controlo. Foi utilizado um espetrofotómetro de absorção atómica de chama para a determinação de determinação de Pb, enquanto a determinação de Cd foi realizada utilizando um espetrofotómetro de absorção atómica sem chama.

- Procedimento

1) 2mL de amostras de sangue foram agitados num agitador elétrico durante uma hora.

2) Em seguida, a amostra de sangue foi misturada com 5 ml de ácido tricloroacético (TCA) vigorosamente (utilizando um bastão de madeira).

3) A amostra foi deixada em repouso durante 15 minutos para garantir a deposição de todas as células e proteínas.

4) A amostra foi então centrifugada a 4000 rpm durante 15 minutos para remover os detritos celulares.

5) O sobrenadante foi recolhido e colocado num tubo de plástico liso, seco e esterilizado, para ser examinado por espetrometria de absorção atómica.

6) A concentração padrão (0,5, 1,0 e 1,5 $\mu g/dL$) foi utilizada para construir uma curva de calibração padrão.

As amostras, os controlos e os padrões foram diretamente aspirados para a espetrometria de absorção atómica com chama de acetileno no ar, onde foi utilizado o HCL de chumbo e cádmio. A determinação de Pb e Cd foi efectuada nos comprimentos de onda de 287 nm e 228,8 nm, respetivamente.

- Cálculos

As concentrações de Pb e Cd foram determinadas em amostras de soro utilizando a equação de regressão do gráfico linear, que foi construído traçando a linha nos pontos entre a concentração no eixo X e a absorvância no eixo Y. A Figura 2-9 mostra a curva-padrão de Pb e a Figura 2-10 mostra a curva-padrão de Cd.

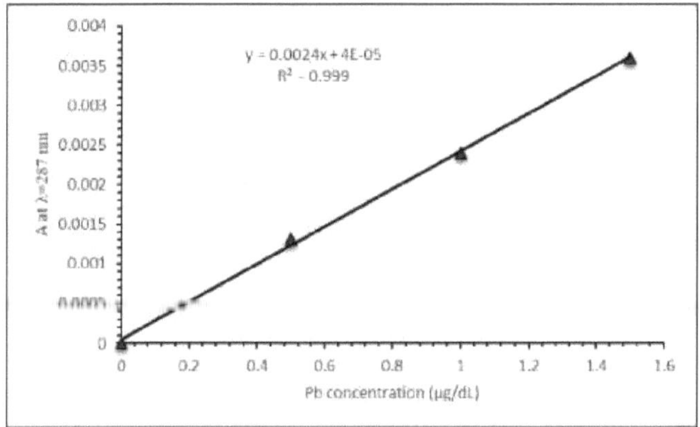

Figura 2-9: Curva-padrão de Pb.

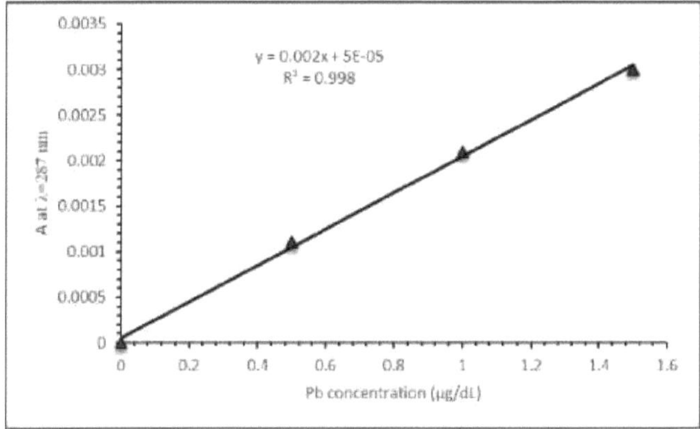

Figura 2-10: Curva-padrão de Cd.

2.7.8 Teste da função hepática

2.7.8.1 Determinação da ALT

- Princípio

A ALT catalisa a transferência do grupo amino da alanina para o oxoglutarato com a formação de glutamato e piruvato. Este último é

reduzida a lactato pela lactato desidrogenase (LDH) na presença de nicotinamida adenina dinucleótido (NADH) reduzida[147] .

A reação é monitorizada cineticamente a 340 nm pela taxa de diminuição da absorvância resultante da oxidação do NADH em NAD^+ , proporcional à atividade da

ALT presente na amostra.

- Reagentes

A Figura 2-11 mostra as composições dos componentes do kit. O reagente de trabalho foi preparado misturando 4 volumes de R1 com 1 volume de R2.

> **R1 | Substrato ALT.** Tampão TRIS 150 mmol/L pH 7,3, L-alanina 750 mmol/L, lactato desidrogenase > 1350 U/L.
> **Coenzima R2 ALT.** NADH 1,3 mmol/L, 2-oxoglutarato 75 mmol/L. Biocidas.

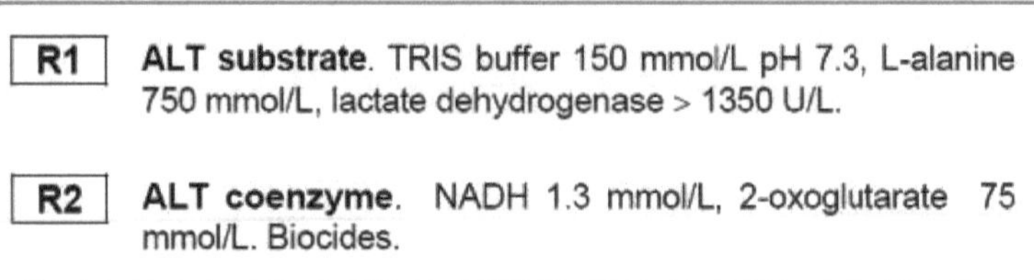

Figura 2-11: Reagentes do kit ALT.

- Procedimento

1) Nos tubos de amostragem, foi adicionado 1mL de reagente de trabalho, seguido da adição de $50\mu L$ de soro do sujeito.

2) Os tubos foram bem misturados e incubados a 37°C durante 1 minuto, e a primeira absorvância (A_1) foi medida a 340 nm.

3) Em seguida, a absorvância foi novamente medida após 1 e 2 minutos.

4) Foi calculada a diferença de absorvância em relação ao tempo $(\Delta A/min)$.

- Cálculos

A atividade da enzima ALT foi calculada de acordo com a seguinte fórmula matemática:

$$ALT\ (U/L) = (\Delta A/min) \times 3333$$

O número 3333 é o fator que foi utilizado de acordo com as instruções do kit.

2.7.8.2 Determinação da AST

- Princípio

A AST catalisa a transferência do grupo amino do aspartato para o oxoglutarato, com a formação de glutamato e oxalacetato. Este último é reduzido a malato pela malato desidrogenase (MDH) na presença de NADH reduzido[147].

A reação é monitorizada cineticamente a 340 nm pela taxa de diminuição da absorvância resultante da oxidação do NADH em NAD^+, proporcional à atividade da AST presente na amostra.

- Reagentes

A Figura 2-12 mostra as composições dos componentes do kit. O reagente de trabalho foi preparado misturando 4 volumes de R1 com 1 volume de R2.

Substrato R1 AST. Tampão TRIS 121 mmol/L pH 7,8, L-aspartato 362 mmol/L, malato desidrogenase > 460 U/L.

Coenzima R2 AST. NADH 1,3 mmol/L, 2-oxoglutarato 75 mmol/L. Biocidas.

R1   **AST substrate.** TRIS buffer 121 mmol/L pH 7.8, L-aspartate 362 mmol/L, malate dehydrogenase > 460 U/L.

R2   **AST coenzyme.** NADH 1.3 mmol/L, 2-oxoglutarate 75 mmol/L. Biocides.

Figura 2-12: Reagentes do kit AST.

- **Procedimento**

1) Nos tubos de amostragem, foi adicionado 1mL de reagente de trabalho, seguido da adição de 50^L de soro do sujeito.

2) Os tubos foram bem misturados e incubados a 37°C durante 1 minuto, e a primeira absorvância (A_1) foi medida a 340 nm.

3) Em seguida, a absorvância foi novamente medida após 1 e 2 minutos.

4) Foi calculada a diferença de absorvância em função do tempo (AA/min).

- **Cálculos**

A atividade da enzima AST foi calculada de acordo com a seguinte fórmula matemática:

AST (U/L) = (AA/min) x 3333

O número 3333 é o fator que foi utilizado de acordo com as instruções do kit.

2.7.8.3 Determinação da ALP

- **Princípio**

As ALP catalisam a hidrólise do 4-nitrofenilfosfato (4-NPP) com a formação de 4-nitrofenol livre e fosfato inorgânico, actuando o tampão alcalino como um aceitador do grupo fosfato. A reação é monitorizada cineticamente a 405 nm pela taxa de formação de 4-nitrofenol, proporcional à atividade da ALP presente na amostra.

- **Reagentes**

A Figura 2-13 mostra as composições dos componentes do kit. O reagente de trabalho foi preparado misturando 4 volumes de R1 com 1 volume de R2.

Tampão R1 ALP. Tampão DEA 1,25 mol/L pH 10,2, cloreto de magnésio 0,6 mmol/L. Biocidas.

R2 Substrato de ALP. 4-NPP 50 mmol/L. Biocidas.

R1   **ALP buffer.** DEA buffer 1.25 mol/L pH 10.2, magnesium chloride 0.6 mmol/L. Biocides.

R2   **ALP substrate.** 4-NPP 50 mmol/L. Biocides.

- Procedimento

1) Nos tubos de amostragem, adicionou-se 1mL de reagente de trabalho, seguido de a adição de $20\mu L$ de soro do sujeito.

2) Os tubos foram bem misturados e incubados a 37°C durante 1 minuto, tendo a primeira absorvância (A_1) sido medida a 405 nm.

3) Em seguida, a absorvância foi novamente medida após 1 e 2 minutos.

4) Foi calculada a diferença de absorvância em relação ao tempo $(\Delta A/min)$.

- Cálculos

A atividade da enzima ALP foi calculada de acordo com a seguinte fórmula matemática:

$$ALP\ (U/L) = (\Delta A/min) \times 2764$$

O número 2764 é o fator que foi utilizado de acordo com as instruções do kit.

2.7.9 Teste da função renal

2.7.9.1 Determinação da ureia

- Princípio

A ureia é hidrolisada pela urease em amoníaco e dióxido de carbono. O amoníaco gerado reage com hipoclorito alcalino e salicilato de sódio na presença de nitroprussiato de sódio como agente de acoplamento para produzir um cromóforo verde. A intensidade da cor formada é proporcional à concentração de ureia na amostra[148] .

- Reagentes

A Figura 2-14 mostra as composições dos componentes do kit. O reagente de trabalho foi preparado misturando 1 volume de R1 com 24 volumes de R2.

R1 Reagente enzimático. Urease > 500 U/mL. Estabilizadores.

R2 Cromogénio tamponado. Tampão fosfato 20 mmol/L pH 6,9, EDTA 2 mmol/L, salicilato de sódio 60 mmol/L, nitroprussiato de sódio 3,4 mmol/L.

R3 Hipoclorito alcalino. Hipoclorito de sódio 10 mmol/L, NaOH 150 mmol/L

Norma CAL Ureia. Ureia 50 mg/dL (8,3 mmol/L)

Padrão primário baseado em matriz orgânica. O valor da concentração é rastreável ao Material de Referência Padrão 909b.

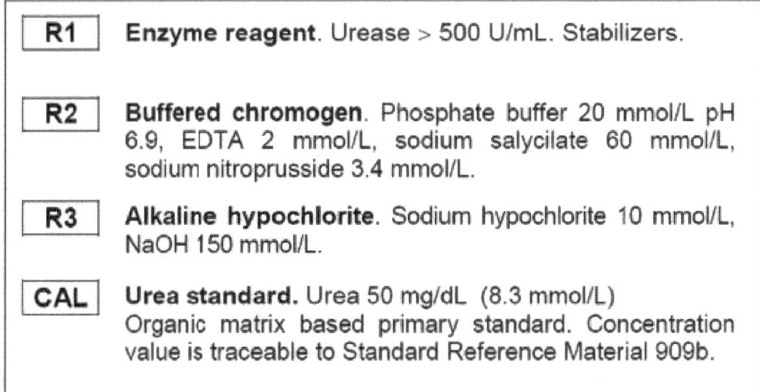

Figura 2-14: Reagentes do kit de ureia.

- **Procedimento**

1) No tubo padrão, foi adicionado 1mL de reagente de trabalho, seguido da adição de $10^{'}\mu L$. de solução padrão de ureia.

2) Nos tubos de amostragem, foi adicionado 1mL de reagente de trabalho, seguido da adição de $10^{'}\mu L$ de soro do sujeito.

3) Os tubos foram bem misturados e incubados a 37°C durante 5 minutos. De seguida, adicionou-se 1mL de R3 aos tubos e incubou-se uma segunda vez.

4) A absorvância foi lida contra o branco a 600 nm.

- Cálculos

A concentração de ureia em cada amostra foi calculada de acordo com a seguinte equação

$$\text{Urea (mg/dL)} = \frac{A_{test}}{A_{Standard}} \times 50 \text{ mg/dL}$$

2.7.9.2 Determinação da creatinina

- **Princípio**

Este procedimento baseia-se numa modificação da reação original do picrato (Jaffe). Em condições alcalinas, a creatinina reage com iões picrato, formando um complexo avermelhado. A taxa de formação do complexo, medida através do aumento da absorvância num intervalo de tempo pré-fixado, é proporcional à concentração de creatinina na amostra[149] .

- **Reagentes**

A Figura 2-15 mostra as composições dos componentes do kit. O reagente de trabalho foi preparado misturando 1 volume de R1 com 1 volume de R2.

R1 Ácido pícrico. Ácido pícrico 25 mmol/L

P2 Tampão alcalino. Tampão fosfato 300 mmol/L pH 12,7, SDS 2,0 g/L (p/v). Xi **R:36/37/38**

47

<u>CAL</u> **Creatinina padrão.** Creatinina 2 mg/dL (177 pmol/L). Padrão primário baseado em matriz orgânica. O valor da concentração é rastreável ao Material de Referência Padrão 914a.

R1	**Picric acid.** Picric acid 25 mmol/L
R2	**Alkaline buffer.** Phosphate buffer 300 mmol/L pH 12.7, SDS 2.0 g/L (w/v). **Xᵢ R:36/37/38**
CAL	**Creatinine standard.** Creatinine 2 mg/dL (177 µmol/L). Organic matrix based primary standard. Concentration value is traceable to Standard Reference Material 914a.

Figura 2-15: Reagentes do kit de creatinina.

Procedimento

1) No tubo padrão, foi adicionado 1mL de reagente de trabalho, seguido da adição de 100 μL de solução padrão de creatinina.

2) Nos tubos de amostragem, foi adicionado 1mL de reagente de trabalho, seguido da adição de 100 μL de soro do sujeito.

3) A primeira absorvância (A_1) foi medida após 30 segundos a 510 nm, e a segunda absorvância (A_2) foi medida após 90 segundos.

4) Foi calculada a diferença de absorvância (ΔA).

- Cálculos

A concentração de creatinina em cada amostra foi calculada de acordo com a seguinte equação:

$$\text{Creatinine (mg/dL)} = \frac{A_{test}}{A_{Standard}} \times 50 \text{ mg/dL}$$

2.7.10 Perfil lipídico
2.7.10.1 Determinação dos TGs
Princípio

A concentração de TGs foi determinada utilizando um método espetrofotométrico baseado na hidrólise enzimática dos TGs séricos em glicerol e ácidos gordos livres (AGL) pela lipase lipoproteica (LPL). O glicerol é fosforilado por adenosina trifosfato (ATP) na presença de glicerol quinase (GK) para formar glicerol-3-fosfato (G-3-P) e adenosina difosfato (ADP). O G-3-P é oxidado pela glicerofosfato oxidase (GPO) para formar fosfato de dihidroxiacetona (DHAP) e peróxido de hidrogénio. É produzido um cromogénio vermelho pelo acoplamento catalisado pela POD do 4-AA e do fenol com H_2O_2, proporcional à concentração de triglicéridos na amostra[150].

- Reagentes

Os reagentes do kit estavam prontos a funcionar, a Figura 2-16 mostra a composição
dos componentes do kit.

R1 Monoreagente. Tampão PIPES 50 mmol/L pH 6,8, LPL > 12 KU/L, GK > 1 KU/L,
GPO > 10 KU/L, ATP 2,0 mmol/L, Mg^{2+} 40 mmol/L, POD > 2,5 KU/L, 4-AA 0,5
mmol/L, fenol 3 mmol/L, tensioactivos não-iónicos 2 g/L (p/v). Biocidas.

CAL Triglicéridos padrão. Glicerol 2,26 mmol/L, equivalente a 200 mg/dL de
trioleato de glicerol. Padrão secundário. O valor da concentração é rastreável ao
Material de Referência Padrão 909b.

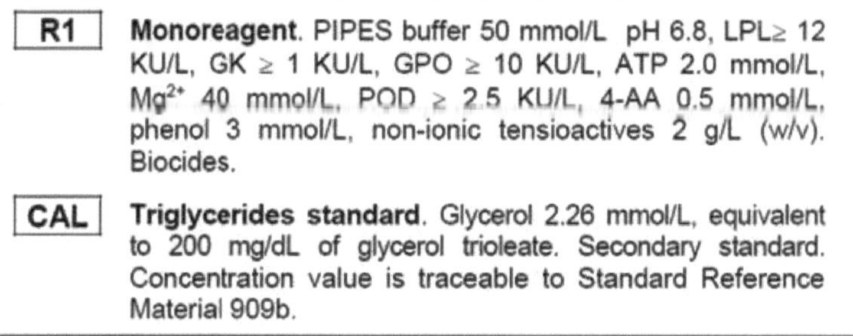

Figura 2-16: Reagentes do kit TGs.

- Procedimento

1) No tubo padrão, foi adicionado 1mL de R1, seguido da adição de $10\,\mu L$ de
solução padrão de TGs.

2) Nos tubos de amostragem, foi adicionado 1mL de R1 e, em seguida, $10\,\mu L$ de
soro do sujeito.

3) Os tubos foram bem misturados e incubados a 37°C durante 5 minutos. Em
seguida, a absorvância foi lida contra o branco a 500 nm.

- Cálculos

A concentração de TGs em cada amostra foi calculada de acordo com a seguinte
equação:

$$TGs\ (mg/dL) = \frac{A_{test}}{A_{Standard}} \times 200\ mg/dL$$

2.7.10.2 Determinação do CT
Princípio

O colesterol total foi determinado por um método espetrofotométrico no soro que
envolve a utilização de três enzimas: colesterol esterase (CE), colesterol oxidase (CO)
e POD. Na presença da primeira, a mistura de fenol e 4-AA é condensada por H2O2
para formar um corante quinoneimina proporcional à concentração de colesterol na
amostra[151].

- Reagentes

Os reagentes do kit estavam prontos a funcionar, a Figura 2-17 mostra as composições dos componentes do kit.

R1 Monoreagente. PIPES 200 mmol/L pH 7,0, colato de sódio 1 mmol/L, colesterol esterase > 250 U/L, colesterol oxidase > 250 U/L, peroxidase > 1 KU/L, 4-aminoantipirina 0,33 mmol/L, fenol 4 mmol/L, tensioactivos não-iónicos 2 g/L (p/v). Biocidas.

Norma de colesterol CAL. Colesterol 200 mg/dL (5,18 mmol/L). Padrão primário baseado em matriz orgânica. O valor da concentração é rastreável ao Material de Referência Padrão 909b.

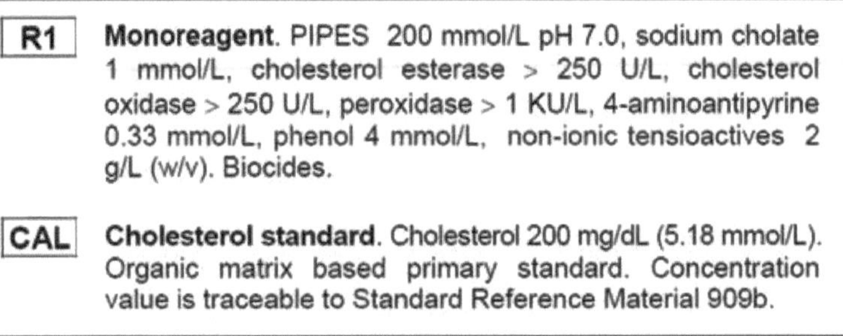

Figura 2-17: Reagentes do kit de colesterol.

- Procedimento

1) No tubo padrão, adicionou-se 1mL de R1, seguido da adição de 10 µL de solução padrão de colesterol.

2) Nos tubos de amostragem, foi adicionado 1mL de R1 e, em seguida, 10 µL de soro do sujeito.

3) Os tubos foram bem misturados e incubados a 37°C durante 5 minutos. Em seguida, a absorvância foi lida contra o branco a 500nm.

- Cálculos

A concentração de colesterol em cada amostra foi calculada de acordo com a seguinte equação:

$$TC\ (mg/dL) = \frac{A_{test}}{A_{Standard}} \times 200\ mg/dL$$

2.7.10.3 Determinação de HDL

- Princípio

O colesterol HDL foi determinado através de um método espetrofotométrico que utiliza um método de separação baseado na precipitação selectiva de lipoproteínas contendo apoliproteína B (VLDL, LDL e (a)Lpa) por ácido fosfotúngstico/MgCl2, sedimentação do precipitante por centrifugação e subsequente análise enzimática do HDL como colesterol residual remanescente no sobrenadante claro[152] .

- Reagentes

Os reagentes do kit estavam prontos a funcionar, a Figura 2-18 mostra as composições dos componentes do kit.

R1 Reagente de precipitação. Ácido fosfotúngstico 0,63 mmol/L, cloreto de magnésio 25 mmol/L. Estabilizadores.
Norma de colesterol CAL. Colesterol 50 mg/dL 1,3 mmol/L). Padrão primário baseado em matriz orgânica. O valor da concentração é rastreável ao Material de Referência Padrão 1951a. Não incluído.
R2 Colesterol MR. Optativo. Ref: 1118005, 1118010, 1118015.

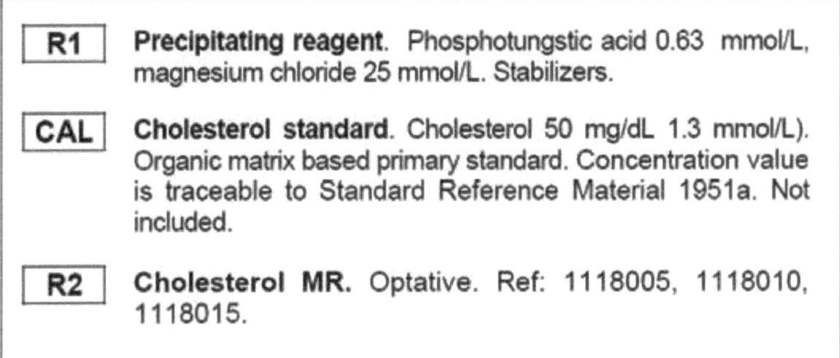

Figura 2-18: Reagentes do kit HDL.

- Procedimento

1) No tubo padrão, foram adicionados 0,4mL de reagente de precipitação, seguidos da adição de 0,2mL de solução padrão de colesterol.

2) Nos tubos de amostragem, foram adicionados 0,4 ml de reagente de precipitação, seguidos da adição de 0,2 ml de soro do sujeito.

3) Os tubos foram agitados em vórtex e deixados em repouso durante 10 minutos, sendo depois centrifugados a 1500 xg durante 10 minutos.

4) No tubo padrão, foi adicionado 1mL de mono-reagente, seguido da adição de lOiiL de sobrenadante padrão de colesterol.

5) Nos tubos de amostragem, foi adicionado 1mL de mono-reagente, seguido da adição de 10 pL de sobrenadante das amostras.

6) Os tubos foram bem misturados e incubados a 37°C durante 5 minutos. Em seguida, a absorvância foi lida contra o branco a 500 nm.

- Cálculos

A concentração de HDL em cada amostra foi calculada de acordo com a seguinte equação:

$$\text{HDL (mg/dL)} = \frac{A_{test}}{A_{Standard}} \times 50 \text{ mg/dL}$$

2.7.10.4 Cálculo de LDL e VLDL

Para o cálculo do VLDL, foi utilizado o princípio de Friedewald, como indicado nas seguintes equações[153] :

$$\text{VLDL (mg/dL)} = \text{TGs} / 5$$

$$\text{LDL (mg/dL)} = \text{TC} - \text{HDL} - \text{VLDL}$$

2.8. Análises estatísticas

O software Statistical Package for the Social Sciences (SPSS) versão 26.0 foi utilizado com o Microsoft Excel 2016 para realizar os processos estatísticos sobre os dados obtidos. A análise de variâncias (ANOVA) foi utilizada para a compressão entre o controlo, os trabalhadores das subestações elétricas e os trabalhadores das torres de comunicação celular, e foi seguida pelo teste post-Hoc da diferença mais alta significativa (HSD) para a compressão entre cada um dos dois grupos. A correlação entre as variáveis foi analisada por meio do coeficiente de correlação de Pearson (r).

A hipótese principal é que quando $P<0,05$, os resultados são considerados significativos. Por outro lado, quando o $P>0,05$, os resultados são considerados não significativos.

CAPÍTULO 3

RESULTADOS
&
Discussão

3.1. Características dos sujeitos do estudo

Os resultados são apresentados sob a forma de média ± DP. Os dados relativos à idade, ao IMC e à distribuição do tabagismo são apresentados na Tabela 3-1.

Tabela 3-1: Apresentação demográfica dos sujeitos do estudo.

Parâmetro	Controlo	Subestações	Torres	P - valor
Idade (ano)	39.90±9.28	42.98±10.15	40.15±8.17	0.259
IMC (kg.m2)	26.44±2.87	26.86±3.32	27.87±3.04	0.107
Fumadores %	35%	40%	35%	0.866

As diferenças de idade não foram significativas (*P>0,05*) entre o controlo (39,90±9,28 anos), os trabalhadores das subestações eléctricas (42,98±10,15 anos) e os trabalhadores das torres de comunicações celulares (40,15±8,17 anos). A Figura 3-1 apresenta uma demonstração gráfica da idade.

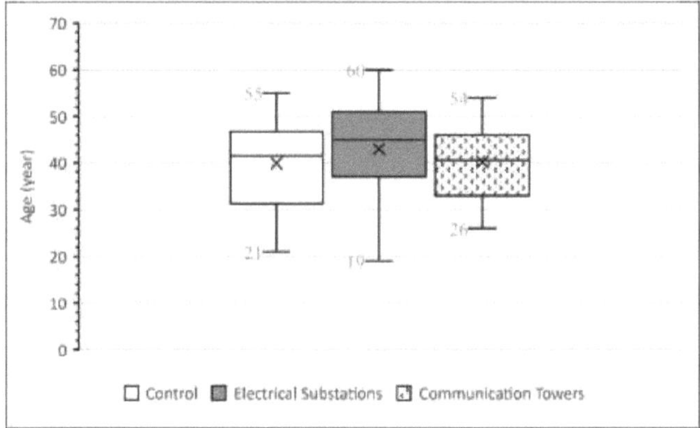

Figura 3-1: Média, mediana e amplitude da idade nos três grupos.

As diferenças de IMC não foram significativas (*P>0,05*) entre o controlo (26,44±2,87 kg.m^{-2}), os trabalhadores das subestações eléctricas (26,86±3,32 kg.m^{-2}) e os trabalhadores das torres de comunicações celulares (27,87±3,04 kg.m^{-2}). É de notar que nem todos os casos nos três grupos se encontravam na categoria de excesso de peso (IMC 25-29,99 kg.m^{-2}), a Figura 3-2 apresenta uma demonstração gráfica do IMC.

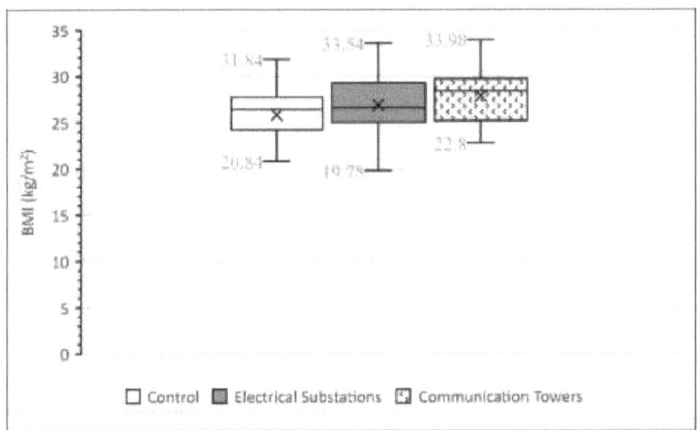

Figura 3-2: Média, mediana e variação do IMC nos três grupos.

O teste do qui-quadrado indica diferenças não significativas (*P>0,05*) no número de fumadores entre o controlo (35%), os trabalhadores das subestações eléctricas (40%) e os trabalhadores das torres de comunicações celulares (35%).

Os indivíduos foram seleccionados com base em critérios padrão, em que os grupos de controlo e de teste tinham uma idade, IMC e distribuição do tabagismo comparáveis, para eliminar a influência destes parâmetros nos resultados do estudo, especialmente o stress oxidativo.

Baumann *et al.* (2016) referiram que a idade aumenta a acumulação de ROS, o que conduz ao stress oxidativo[154] . Além disso, Wonisch *et al.* (2012) indicaram que o aumento da idade e do IMC está associado a um aumento do estado de stress oxidativo, a uma redução da capacidade dos antioxidantes e à deterioração do estado de saúde[155] . Além disso, o tabagismo é um exógeno bastante comum da produção de ROS e do desenvolvimento do stress oxidativo[156] .

3.2. Função tiroideia

Os resultados de TSH, T3 e T4 são apresentados na Tabela 3-2, sob a forma de média±SD.

Quadro 3-2: Parâmetros da função tiroideia.

Parâmetro	Controlo	Subestações	Torres	*p-valor* A	B	C
TSH (mIU/mL)	1.66±0.51	2.13±1.02	1.48±0.68	0.018	0.562	0.001
T3 (nmol/L)	1.91±0.56	2.02±0.33	2.10±0.36	0.529	0.126	0.650
T4 (nmol/L)	95.97±10.43	96.72±17.77	102.31±15.83	0.973	0.147	0.223
A: *p-valor* da comparação entre trabalhadores do controlo e das subestações; B: p-va entre trabalhadores do controlo e das torres de comunicação; C: *p-valor* da comparação entre trabalhadores das subestações e das torres de comunicação.				ue de comparação iparação entre		

O nível de TSH foi significativamente (*P<0,05*) elevado nos trabalhadores das subestações eléctricas (2,13±1,02 mIU/mL), em comparação com o controlo (1,66±0,51 mIU/mL) e os trabalhadores das torres de comunicações celulares

(1,48±0,68 mIU/mL). As diferenças de TSH entre o controlo e os trabalhadores das torres de comunicações celulares não foram significativas (*P>0,05*). A Figura 3-3 apresenta uma demonstração gráfica dos níveis de TSH.

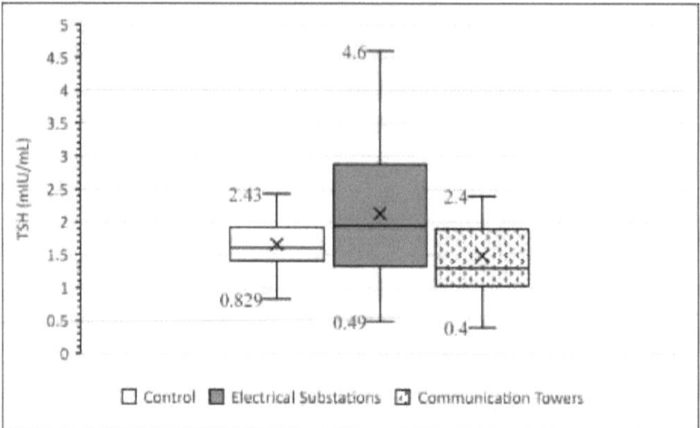

Figura 3-3: Média, mediana e variação do TSH nos três grupos.

As diferenças nos níveis de T3 não foram significativas (*P>0,05*) entre o controlo (1,91±0,56 nmol/L), os trabalhadores de subestações eléctricas (2,02±0,33 nmol/L) e os trabalhadores de torres de comunicações celulares (2,10±0,36 nmol/L), como se mostra na Figura 3-4.

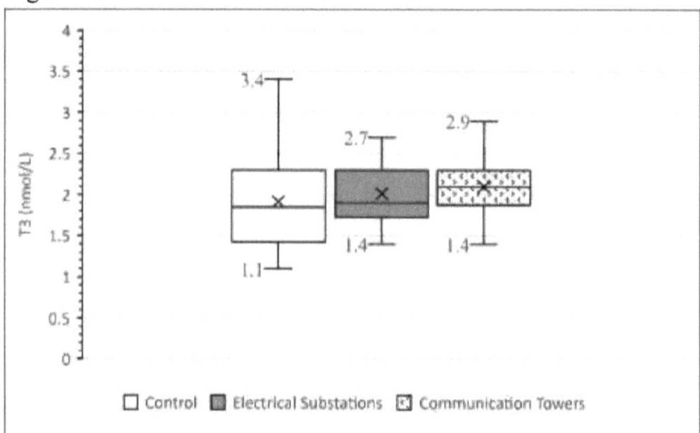

Figura 3-4: Média, mediana e intervalo de T3 nos três grupos.

As diferenças nos níveis de T4 não foram significativas (*P>0,05*) entre o controlo (95,97±10,43 nmol/L), os trabalhadores das subestações eléctricas (96,72±17,77 nmol/L) e os trabalhadores das torres de comunicações celulares (102,31±15,83 nmol/L), como se mostra na Figura 3-5.

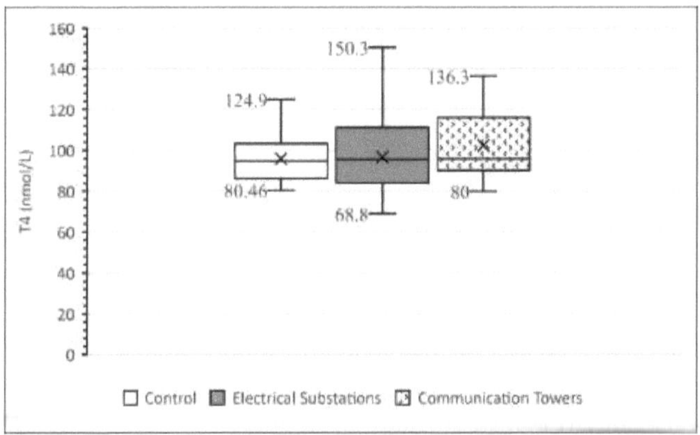

Figura 3-5: Média, mediana e intervalo de T4 nos três grupos.

Os valores de corte sugeridos para a TSH em condições fisiológicas são 0,35 mUI/mL como limite inferior e 4,5 mUI/mL como limite superior, enquanto a maioria das pessoas normais tem níveis de TSH entre 0,5 e 2,5 mUI/mL[157] . No presente estudo, o nível de TSH estava significativamente elevado no soro dos trabalhadores das subestações eléctricas, embora não excedesse o intervalo normal sugerido.

Kunt *et al.* (2016), relataram que os trabalhadores em estações eléctricas têm níveis séricos normais de TSH, mas níveis reduzidos de T4 livre em comparação com o controlo do seu estudo. Os trabalhadores sugeriram que a longa exposição à radiação electromagnética no ambiente das linhas de transmissão eléctrica de alta tensão pode ter riscos para a função da tiroide e estar envolvida no desenvolvimento de hipotiroidismo[158] . O estudo de Kunt *et al.* apoia os resultados actuais, em que o ligeiro aumento do nível de TSH nos trabalhadores das subestações eléctricas neste estudo pode ser um fator de risco para o desenvolvimento de hipotiroidismo no futuro.

Embora os resultados da função tiroideia nos trabalhadores das torres de comunicação celular tenham sido considerados normais, com diferenças não significativas em comparação com o controlo, verificou-se uma discordância com Baby *et al.* (2017), que examinaram a associação entre a exposição à radiação eletromagnética dos telemóveis e o nível de TSH sérico. Os trabalhadores indicaram uma relação positiva, na qual a exposição severa à radiação do telemóvel pode levar a um hipotiroidismo[159] .

Outra discordância foi encontrada com Koyu *et al.* (2005), que mostraram que quando os ratos foram expostos a 900 MHz de radiação electromagnética, os níveis das hormonas da função tiroideia foram significativamente reduzidos[160] .

3.3. Stress oxidativo e antioxidantes

Os níveis de MDA, TOS, TAC e GSH são apresentados no Quadro 3-3 como média±SD.

Tabela 3-3: Níveis de stress oxidativo e parâmetros antioxidantes.

Parâmetro	Controlo	Subestações	Torres	valor *de p* A	B	C
MDA (^mol/L)	0.473±0.12	1.51±0.61	1.03±0.43	0.0001	0.0001	0.0001
TOS (nmol H2O2 Eq./L)	1.42±0.59	8.90±1.99	4.84±1.42	0.0001	0.0001	0.0001
TAC (^mol vit. C Eq./L)	1.82±0.47	0.70±0.34	1.05±0.36	0.0001	0.0001	0.0001
GSH (nmol/L)	2609.3±458.8	602.3±264.8	1868.3±313	0.0001	0.0001	0.0001
Ácido úrico (mg/dL)	4.65±0.48	4.30±1.49	3.73±1.19	0.362	0.001	0.069
A: *p-valor* da comparação entre o controlo e a comunicação trabalho na torre de comunicação	entre os trabalhadores do controlo e os da subestação; B: p-valor dos trabalhadores da torre; C: *p-valor* dos trabalhadores da comparação.			ue de comparação entre substati		entre)ns e

O nível de MDA foi significativamente ($P<0,05$) elevado no soro dos trabalhadores das subestações eléctricas (1,51±0,61 ^mol/L) e dos trabalhadores das torres de comunicações celulares (1,03±0,43 ^mol/L), em comparação com o controlo (0,473±0,12 ^mol/L). Além disso, o nível de MDA obtido para os trabalhadores das subestações eléctricas foi significativamente ($P<0,05$) superior ao dos trabalhadores das torres de comunicações celulares (Figura 3-6).

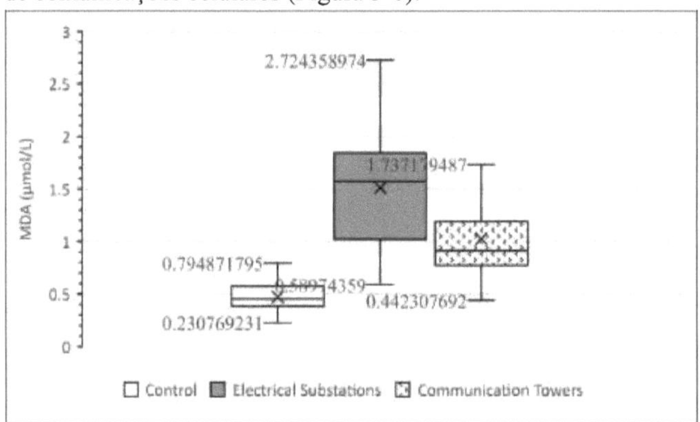

Figura 3-6: Média, mediana e intervalo de MDA nos três grupos.

O nível de TOS foi significativamente ($P<0,05$) elevado no soro dos trabalhadores das subestações eléctricas (8,90±1,99 iimol H2O2 Eq./L) e dos trabalhadores das torres de comunicações celulares (4,84±1,42 iimol H2O2 Eq./L), em comparação com o controlo (1,42±0,59 iimol H2O2 Eq./L). Além disso, o nível de TOS obtido para os trabalhadores das subestações eléctricas foi significativamente ($P<0,05$) mais elevado do que o dos trabalhadores das torres de comunicações celulares (Figura 3-7).

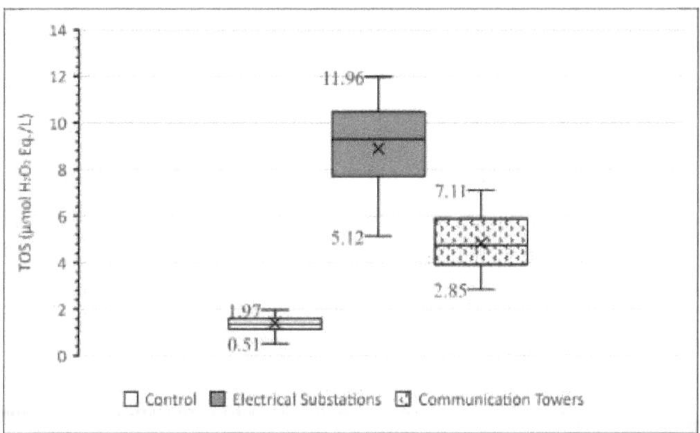

Figura 3-7: Média, mediana e variação do TOS nos três grupos.

O nível de TAC foi significativamente (*P<0,05*) reduzido no soro dos trabalhadores das subestações eléctricas (0,70±0,34 iimol vit. C Eq./L) e dos trabalhadores das torres de comunicações celulares (1,05±0,36 iimol vit. C Eq./L), em comparação com o controlo (1,82±0,47 iimol vit. C Eq./L). Além disso, o nível de TAC obtido para os trabalhadores das subestações eléctricas foi significativamente (*P<0,05*) inferior ao dos trabalhadores das torres de comunicações celulares (Figura 3-8).

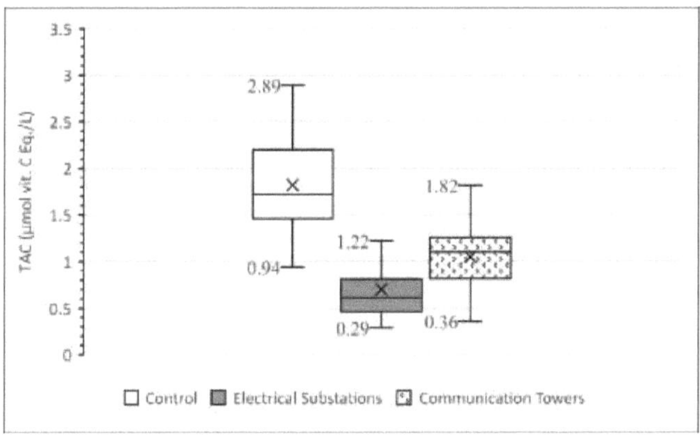

Figura 3-8: Média, mediana e intervalo do TAC nos três grupos.

O nível de GSH foi significativamente (*P<0,05*) reduzido no soro dos trabalhadores das subestações eléctricas (602,3±264,8 ^mol/L) e dos trabalhadores das torres de comunicações celulares (1868,3±313 ^mol/L), em comparação com o controlo (2609,3±458,8 iimol-'L). Além disso, o nível de GSH obtido para os trabalhadores das subestações eléctricas foi significativamente (*P<0,05*) inferior ao dos trabalhadores das torres de comunicações celulares (Figura 3-9).

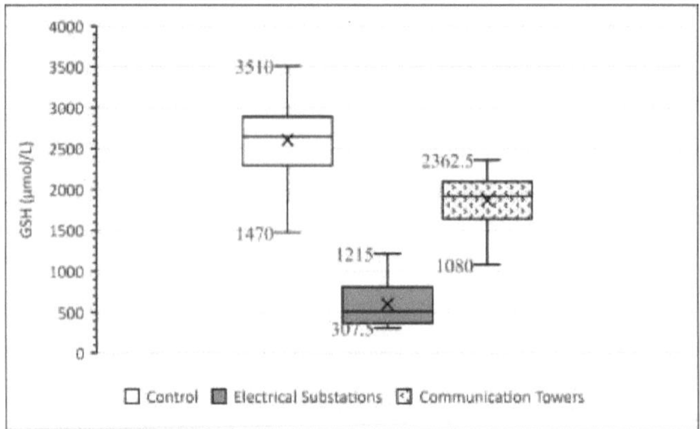

Figura 3-9: Média, mediana e intervalo de GSH nos três grupos.

O nível de ácido úrico foi significativamente reduzido no soro dos trabalhadores das torres de comunicações celulares (3,73±1,19 mg/dL) em comparação com o controlo (4,65±0,48 mg/dL), enquanto os trabalhadores das subestações eléctricas (4,30±1,49 mg/dL) apresentaram diferenças não significativas (P>0,05) do nível de ácido úrico nem com o controlo nem com os trabalhadores das torres de comunicações celulares (Figura 3-10).

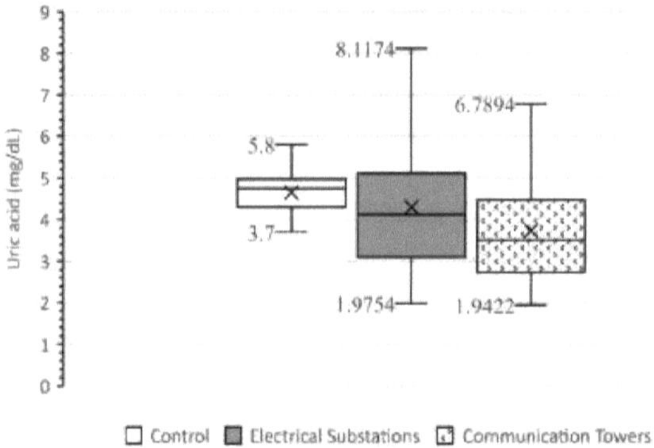

Figura 3-10: Média, mediana e variação do ácido úrico nos três grupos.

Os resultados mostraram um aumento do nível de peroxidação lipídica e do dano oxidativo total associado a uma diminuição do nível de glutationa reduzida e da capacidade antioxidante total no soro de trabalhadores de subestações eléctricas e de trabalhadores de torres de comunicações celulares. As piores condições foram observadas nos trabalhadores das subestações eléctricas.

Tiwari *et al.* (2015) estudaram o efeito da exposição a um ambiente de alta tensão no stress oxidativo dos trabalhadores das subestações eléctricas[161] . Os autores indicaram que os trabalhadores das subestações eléctricas apresentavam níveis elevados de danos oxidativos no ADN, MDA e óxido nítrico, que, coletivamente, constituem um problema importante para a saúde pública destes estabelecimentos[161] . Os resultados

60

de Tiwari *et al.* estão de acordo com os resultados do presente estudo.

Kunt *et al.* (2016) relataram que os trabalhadores de estações eléctricas apresentaram níveis significativamente elevados de TOS associados a níveis significativamente baixos de TAC. Assim, os autores atribuíram esta alteração do estado oxidativo às elevadas frequências electromagnéticas que se encontram no ambiente das subestações eléctricas[158] . Os resultados de Kunt *et al.* estão de acordo com os resultados do presente estudo.

Verificou-se uma concordância parcial com Hosseinabadi *et al.* (2021), que examinaram o estado do stress oxidativo no soro de centrais eléctricas. Os autores observaram níveis elevados de MDA, mas o nível de TAC não foi significativamente diferente em comparação com o controlo do seu estudo. Além disso, o estudo incluiu as enzimas antioxidantes SOD e Catalase. Ambas as enzimas se encontravam em níveis elevados nos trabalhadores em comparação com o controlo. Os autores atribuíram este desequilíbrio à exposição a campos electromagnéticos de frequência extremamente baixa[162] .

No estudo de Gulati *et al.* (2018), a peroxidação lipídica e a atividade de antioxidantes enzimáticos foram investigadas em pessoas expostas continuamente ao ambiente de torres de comunicação celular. Os autores observaram níveis significativamente elevados de MDA acompanhados de uma redução significativa nas actividades da SOD e da catalase. Além disso, os autores indicaram que existe uma associação entre o polimorfismo genético dos genes antioxidantes e os danos genéticos na população humana exposta às radiações emitidas pelas torres de comunicações móveis[163] . Os resultados de Gulati *et al.* estão de acordo com as observações substanciais do presente estudo.

Gulati *et al.* (2020), indicaram um papel significativo das radiofrequências emitidas pelas torres de comunicações celulares no stress oxidativo. Os autores observaram que uma exposição elevada a estas frequências implicava o aumento da produção de ROS nos linfócitos humanos[164] . Os resultados de Gulati *et al.* estão de acordo com as observações substanciais do presente estudo.

Akkam *et al.* (2020), investigaram a influência da radiação electromagnética das torres de comunicações celulares na saúde humana em Jordin. Os autores indicaram um efeito direto destas radiações na atividade da glutationa S transferase, e a influência aumentou com o aumento da duração da exposição. No entanto, os autores observaram diferenças não significativas no nível de TAC em relação a pessoas não expostas[165] .

3.4. Oligoelementos

Os níveis de Pb, Cd, Cu, Zn e Mn são apresentados no Quadro 3-4 sob a forma de média±SD.

Quadro 3-4: Níveis de oligoelementos nos grupos testados.

Parâmetro	Controlo	Subestações	Torres	valor *de p*		
				A	B	C
Pb (Mg/dL)	14.60±2.21	26.63±3.14	21.45±2.68	0.0001	0.0001	0.0001
Cd (Mg/dL)	0.15±0.03	0.32±0.04	0.27±0.03	0.0001	0.0001	0.0001

Cu (Mg/dL)	118.83±11.96	155.38±8.28	147.77±8.63	0.0001	0.0001	0.002
Zn (Mg/dL)	99.13±11.44	73.98±6.58	74.08±7.08	0.0001	0.0001	0.999
Mn (Lig'dL)	0.12±0.02	0.11±0.03	0.12±0.03	0.043	0.383	0.512

A: *p-valor* da comparação entre trabalhadores de controlo e de subestações; B: *p-valor* da comparação entre trabalhadores de controlo e de torres de comunicação; C: *p-valor* da comparação entre trabalhadores de subestações e de torres de comunicação.

O nível de Pb foi significativamente (*P<0,05*) elevado no sangue de trabalhadores de subestações eléctricas (26,63±3,14 ^g/dL) e de torres de comunicações celulares (21,45±2,68 ^g/dL), em comparação com o sangue de pessoas de controlo (14,60±2,21 iig/dL). Além disso, o nível de Pb foi significativamente (*P<0,05*) mais elevado no sangue dos trabalhadores das subestações eléctricas em comparação com os trabalhadores das torres de comunicações celulares (Figura 3-11).

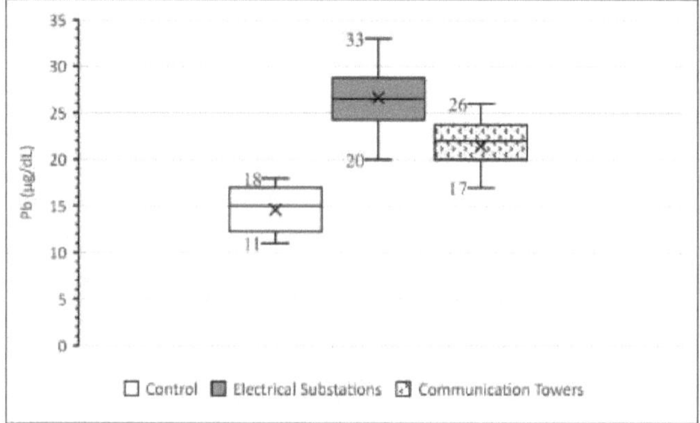

Figura 3-11: Média, mediana e intervalo de Pb nos três grupos.

O nível de Cd foi significativamente (*P<0,05*) elevado no sangue de trabalhadores de subestações eléctricas (0,32±0,04 ^g/dL) e de torres de comunicações celulares (0,27±0,03 ^g/dL), em comparação com o sangue de pessoas de controlo (0,15±0,03 ^g/dL). Além disso, o nível de Cd foi significativamente (*P<0,05*) mais elevado no sangue dos trabalhadores das subestações eléctricas em comparação com os trabalhadores das torres de comunicações celulares (Figura 3-12).

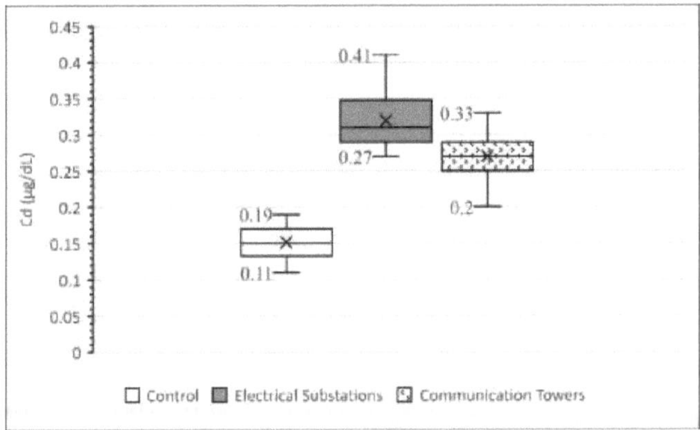

Figura 3-12: Média, mediana e intervalo de Cd nos três grupos.

O nível de Cu foi significativamente ($P<0,05$) elevado no soro dos trabalhadores das subestações eléctricas (155,38±8,28 ^g/dL) e das torres de comunicações celulares (147,77±8,63 ^g/dL), em comparação com o soro das pessoas de controlo (118,83±11,96 ^g/dL). Além disso, o nível de Cu foi significativamente ($P<0,05$) mais elevado no soro dos trabalhadores das subestações eléctricas em comparação com o dos trabalhadores das torres de comunicações celulares (Figura 3-13).

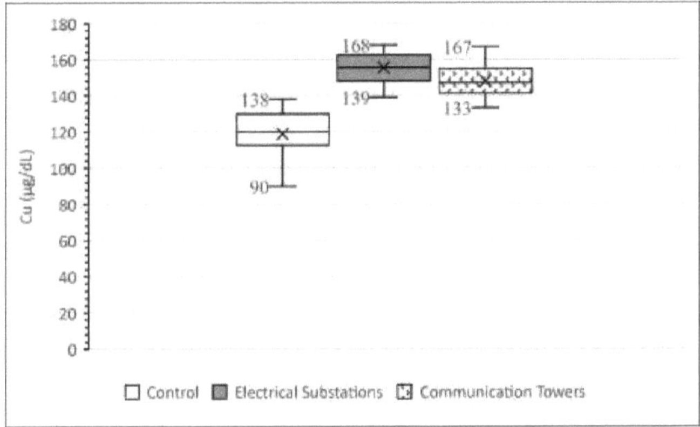

Figura 3-13: Média, mediana e amplitude do Cu nos três grupos.

O nível de Zn foi significativamente reduzido ($P<0,05$) no soro dos trabalhadores das subestações eléctricas (73,98±6,58 ^g/dL) e das torres de comunicações celulares (74,08±7,08 iig-dL), em comparação com o soro das pessoas de controlo (99,13±11,44 ^g/dL). Pelo contrário, as diferenças dos níveis séricos de Zn não foram significativas ($P>0,05$) entre os trabalhadores das subestações eléctricas e os trabalhadores das torres de comunicações celulares, como mostra a Figura 3-14.

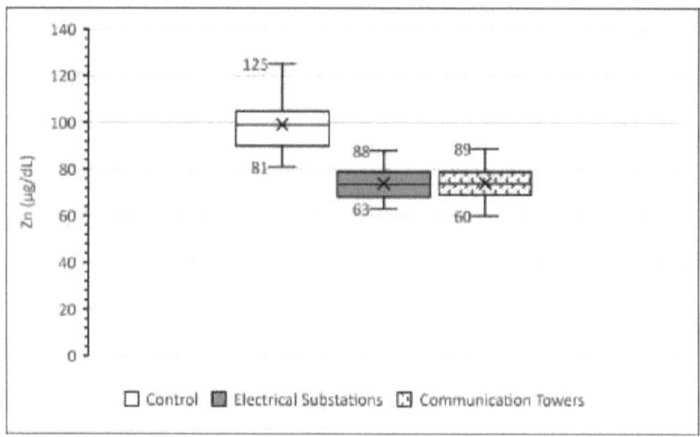

Figura 3-14: Média, mediana e intervalo de Zn nos três grupos.

O nível de Mn foi significativamente reduzido ($P<0,05$) no soro dos trabalhadores das subestações eléctricas (0,11±0,03 ^g/dL), em comparação com o soro das pessoas de controlo (0,12±0,02 ^g/dL). Pelo contrário, as diferenças dos níveis séricos de Mn das torres de comunicações celulares (0,12±0,03 iig-cIL) não foram significativas ($P>0,05$) nem com o controlo nem com os trabalhadores das subestações eléctricas, como mostra a Figura 3-15.

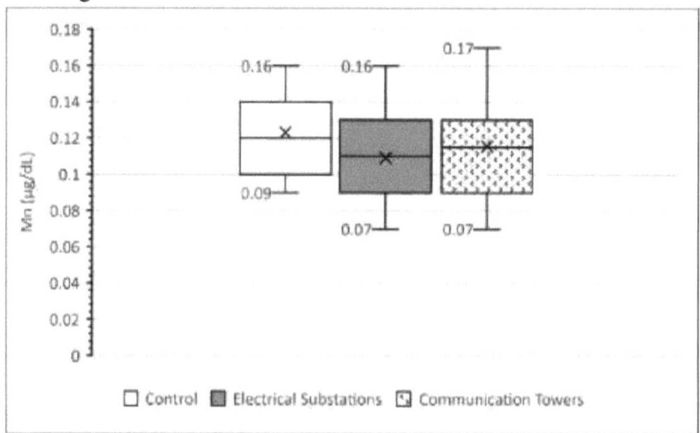

Figura 3-15: Média, mediana e amplitude de Mn nos três grupos.

Os resultados mostraram níveis significativamente elevados de Pb, Cd e Cu associados a níveis baixos de Zn e Mn nos trabalhadores das subestações eléctricas. Não foi encontrado nenhum estudo anterior que tenha realizado uma avaliação de elementos vestigiais em trabalhadores de subestações eléctricas para comparação com o presente estudo. Pelo contrário, a presença de oligoelementos em subestações eléctricas foi documentada na literatura e foi também informada pelo Comité de Segurança Ocupacional do Ministério da Eletricidade do Iraque.

Sakata *et al.* (2006), investigaram a presença de elementos vestigiais em subestações eléctricas japonesas em amostras de um ano. Os autores registaram a abundância de Pb, Cd, Cu e Mn nestes locais[166].

Numa área aproximada, Al-Fahadi (2002) descobriu que o nível de Pb e Cd no sangue é elevado em funcionários de baterias, operadores de geradores, trabalhadores do sector petrolífero, homens do tráfego e condutores de autocarros na cidade de Mosul[167].

No presente estudo, os trabalhadores das torres de comunicações celulares apresentavam níveis elevados de Pb, Cd e Cu associados a níveis baixos de Zn, enquanto o nível de Mn era normal.

Aksen *et al.* (2004) expuseram ratos à radiação móvel e mediram os níveis de elementos vestigiais. Os trabalhadores relataram diferenças não significativas da concentração de Cu em relação aos ratos de controlo, mas os ratos experimentados apresentaram níveis significativamente mais baixos de Zn e níveis significativamente mais altos de Mn[168]. O mecanismo pelo qual os níveis de elementos se tornam desregulados não é claro.

Os oligoelementos, incluindo o Pb, o Cd e o Cu, são pró-oxidantes relacionados com o aumento da produção de ROS nos sistemas biológicos[169-171]. A participação dos radicais livres na toxicidade do Pb pode ocorrer a diferentes níveis: **(i)** a inibição da desidratase do ácido 5-aminolevulínico pelo chumbo é responsável pela acumulação do seu substrato, o ácido 5-aminolevulínico, que pode ser rapidamente oxidado para gerar radicais livres[172], e **(ii)** o Pb tem a capacidade de estimular a peroxidação lipídica da membrana iniciada por iões ferrosos[173]. Além disso, o Pb liga-se exclusivamente ao grupo -SH, o que diminui os níveis de GSH e pode interferir com a atividade antioxidante da GSH[174].

O Cd é um metal redox-estável; por conseguinte, a produção de radicais pelo Cd deve ser mediada por alguns mecanismos indirectos. Um mecanismo proposto pelo qual o Cd pode gerar radicais livres é a perturbação dos sistemas antioxidantes celulares. A GSH é abundante no fígado e pensa-se que seja a primeira linha de defesa contra a hepatotoxicidade do Cd, uma vez que o Cd se liga fortemente a grupos tiol e a depleção da GSH hepática por maleato de dietilo aumenta significativamente a hepatotoxicidade induzida pelo Cd[175].

A exposição humana ao Cu resulta numa toxicidade grave para vários órgãos, que se pensa dever-se à geração de radicais livres por reação do tipo Fenton[176]. Na presença de superóxido ou de agentes redutores como o ácido ascórbico ou GSH, o Cu^{2+} pode ser reduzido a Cu^{+}, que é capaz de catalisar a formação de radicais hidroxilo a partir do peróxido de hidrogénio através da reação de Haber-Weiss. O radical hidroxilo é o radical oxidante mais potente que pode surgir nos sistemas biológicos e é capaz de reagir com praticamente todas as moléculas biológicas[177].

O zinco é um cofator catalítico e estrutural essencial para muitas enzimas e outras proteínas. A deficiência de Zn está relacionada com o aumento do stress oxidativo. Os possíveis mecanismos pelos quais a deficiência de Zn pode causar um aumento do stress oxidativo incluem: **(i)** a redução da atividade da Cu/Zn-SOD, uma vez que o Zn é um cofator desta enzima, sem o qual a SOD é defeituosa; **(ii) o** aumento das taxas da reação de Fenton; e **(iii)** o aumento da função da NADH oxidase, na qual a falta de Zn promove a ativação do recetor N-metil-D-aspartato, que estimula a NADH oxidase a produzir anião superóxido[178].

O Mn é um dos componentes necessários para a Mn-SOD, que é a principal responsável pela eliminação dos ERO no stress oxidativo mitocondrial. Tanto a deficiência como a intoxicação por Mn estão associadas a efeitos metabólicos e neuropsiquiátricos adversos. A deficiência de Mn na dieta, bem como a exposição excessiva ao Mn, podem aumentar a produção de ROS e resultar em mais stress oxidativo[179].

3.5. Teste de função hepática

As actividades de ALT, AST e ALP são apresentadas no Quadro 3-5 sob a forma de média±SD.

As diferenças nas actividades da ALT não foram significativas (*P>0,05*) entre o controlo (17,68±3,21 UI/L), os trabalhadores das subestações eléctricas (19,34±8,89 UI/L) e os trabalhadores das torres de comunicações celulares (19,98±11,16 UI/L), como se mostra na Figura 3-16.

Tabela 3-5: Actividades das enzimas hepáticas.

Parâmetro	Controlo	Subestações	Torres	*p-valor* A	B	C
ALT (UI/L)	17.68±3.21	19.34±8.89	19.98±11.16	0.652	0.443	0.939
AST (UI/L)	21.65±5.19	22.80±7.62	24.98±6.69	0.716	0.065	0.303
ALP (UI/L)	95.03±18.62	103.78±32.34	91.38±25.44	0.294	0.806	0.089

A: *p-valor* da comparação entre trabalhadores de controlo e de subestações; B: *p-valor* da comparação entre trabalhadores de controlo e de torres de comunicação; C: *p-valor* da comparação entre trabalhadores de subestações e de torres de comunicação.

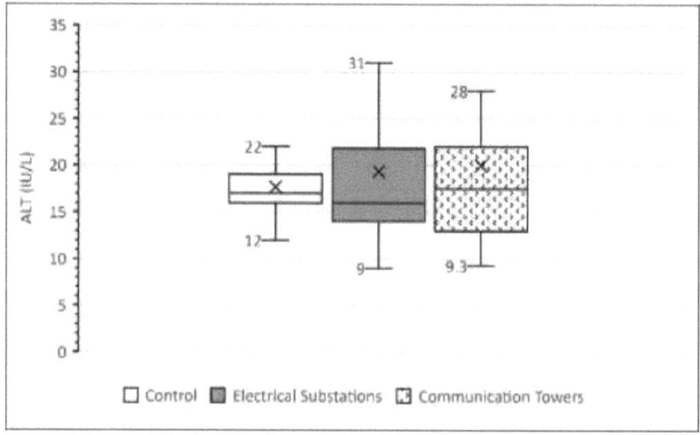

Figura 3-16: Média, mediana e intervalo da ALT nos três grupos.

As diferenças nas actividades da AST não foram significativas (*P>0,05*) entre o controlo (21,65±5,19 UI/L), os trabalhadores em subestações eléctricas (22,80±7,62 UI/L) e os trabalhadores em torres de comunicações celulares (24,98±6,69 UI/L), como se mostra na Figura 3-17.

As diferenças nas actividades da ALP não foram significativas ($P>0,05$) entre o controlo (95,03±18,62 UI/L), os trabalhadores em subestações eléctricas (103,78±32,34 UI/L) e os trabalhadores em torres de comunicações celulares (91,38±25,44 UI/L), como se mostra na Figura 3-18.

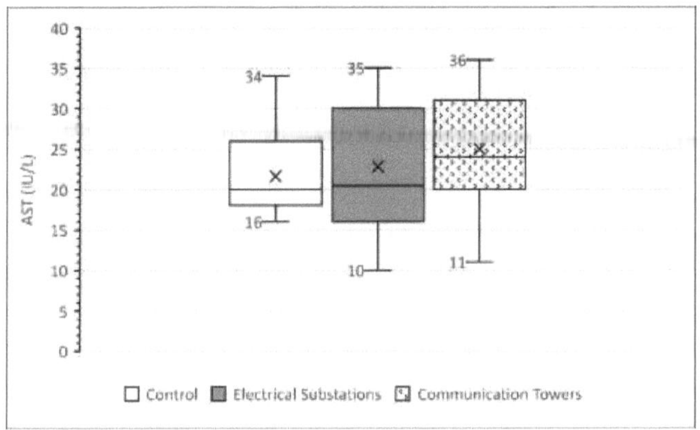

Figura 3-17: Média, mediana e amplitude da AST nos três grupos.

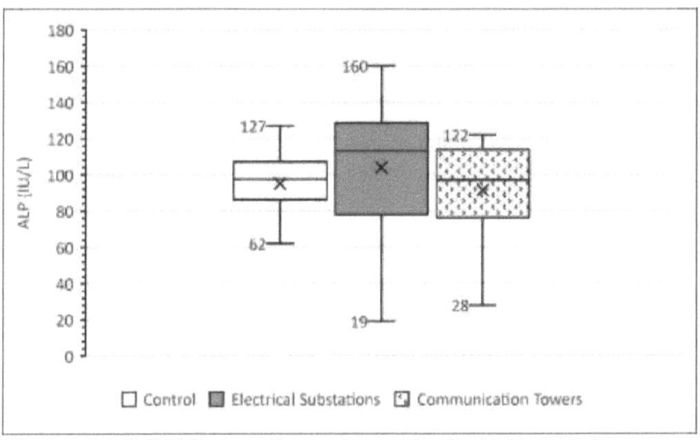

Figura 3-18: Média, mediana e intervalo da ALP nos três grupos.

Os resultados de ALT, AST e ALP no presente estudo são contraditórios com o estudo anterior de Liu *et al.* (2013), no qual os autores indicaram que a exposição extrema ao campo elétrico e ao campo magnético aumentou significativamente as actividades de ALT, AST e ALP nos trabalhadores da fábrica[180].

Outra contradição foi encontrada com o estudo de Sharma *et al.* (2017), no qual a radiação electromagnética emitida pelo telemóvel aumentou as actividades de ALT e

AST em ratos expostos[181] .

Por outro lado, foi encontrada uma concordância com um estudo recente realizado por Zosangzuali *et al.* (2021), que relataram diferenças não significativas nas actividades de ALT e AST em ratos expostos à radiação electromagnética de radiofrequência de torres de telemóveis[182] .

3.6. Teste da função renal

Os níveis de ureia e creatinina são apresentados no Quadro 3-6 sob a forma de média±SD.

3-6: Níveis de ureia e creatinina.

Parâmetro	Controlo	Subestações	Torres	valor *de p*		
				A	B	C
Ureia (mg/dL)	16.33±2.01	25.07±9.89	25.58±5.84	0.0001	0.0001	0.939
Creatinina (mg/dL)	0.81±0.06	0.74±0.25	0.74±0.11	0.144	0.171	0.996

A: *p-valor* de comparação entre trabalhadores de controlo e de subestações; B: *p-valor* de comparação entre trabalhadores de controlo e de torres de comunicação; C: *p-valor* de comparação entre trabalhadores de subestações e de torres de comunicação.

O nível de ureia foi significativamente (*P<0,05*) elevado no soro dos trabalhadores das subestações eléctricas (25,07±9,89 mg/dL) e dos trabalhadores das torres de comunicações celulares (25,58±5,84 mg/dL), em comparação com o controlo (16,33±2,01 mg/dL). As diferenças nos níveis de ureia não foram significativas (*P>0,05*) entre os trabalhadores das subestações eléctricas e os trabalhadores das torres de comunicações celulares, A Figura 3-19 apresenta uma ilustração gráfica dos níveis de ureia.

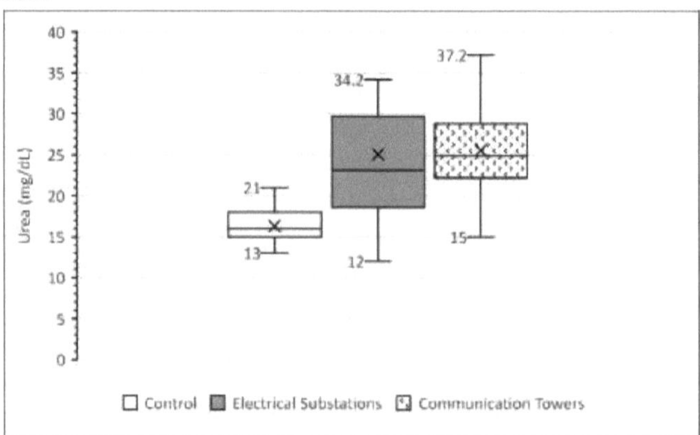

Figura 3-19: Média, mediana e variação da ureia nos três grupos.

As diferenças nos níveis de creatinina não foram significativas (*P>0,05*) entre o controlo (0,81±0,06 mg/dL), os trabalhadores das subestações eléctricas (0,74±0,25 mg/dL) e os trabalhadores das torres de comunicações celulares (0,74±0,11 mg/dL), como mostra a Figura 3-20.

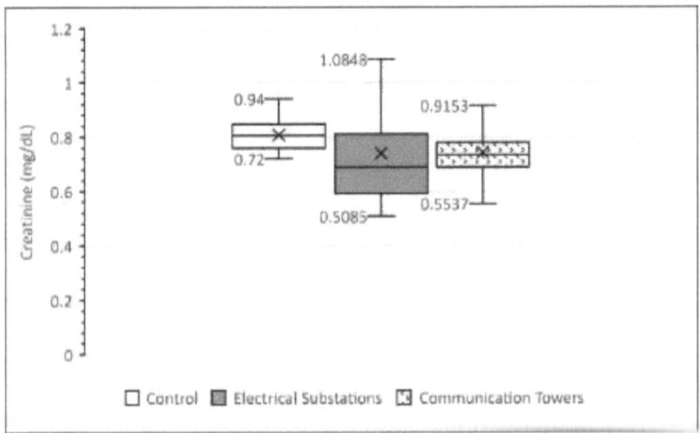

Figura 3-20: Média, mediana e variação da creatinina nos três

grupos.

Um estudo realizado em ratos mostrou que a função renal é afetada pela perfusão dos rins devido à exposição prolongada a radiação eléctrica e magnética.

campos[183] . No entanto, os resultados actuais mostraram níveis ligeiramente elevados de ureia, com níveis normais de creatinina nos trabalhadores das subestações eléctricas e das torres de comunicações celulares.

Uma concordância em relação aos níveis de ureia foi encontrada com Sharma *et al.* (2017), em que a radiação electromagnética emitida pelo telemóvel estimulou a elevação dos níveis de ureia em ratos expostos. Por outro lado, o mesmo estudo contradiz os resultados da creatinina no presente estudo, em que os autores relataram níveis significativamente elevados de creatinina em ratos expostos[181] .

Outra concordância foi encontrada com um estudo recente realizado por Zosangzuali *et al.* (2021), que relataram diferenças não significativas nos níveis de creatinina em ratos expostos à radiação electromagnética de radiofrequência de torres de telemóveis[182] .

3.7. Perfil lipídico

Os níveis de TGs, TC, HDL, LDL e VLDL são apresentados na Tabela 3-7 sob a forma de média±SD.

3-7: Os níveis dos parâmetros do perfil lipídico.

Parâmetro	Controlo	Subestações	Torres	valor *de p*		
				A	B	C
TGs (mg/dL)	141.75±84.3	152.12±56.4	133.53±55.4	0.767	0.846	0.428
CT (mg/dL)	169.63±37.5	159.06±50.1	158.67±34.5	0.488	0.463	0.999
HDL (mg/dL)	43.17±12.7	38.79±10.3	37.06±10.8	0.199	0.045	0.772
LDL (mg/dL)	98.10±40.7	89.84±49.0	94.91±32.4	0.644	0.936	0.847
VLDL (mg/dL)	28.35±16.9	30.42±11.3	26.71±11.1	0.767	0.846	0.428

A: *p-valor* de comparação entre trabalhadores de controlo e de subestações; B: *p-valor* de comparação entre trabalhadores de controlo e de torres de comunicação; C: *p-valor* de comparação entre trabalhadores de subestações e de torres de comunicação.

As diferenças nos níveis de TGs não foram significativas (*P>0,05*) entre o controlo (141,75±84,3 mg/dL), os trabalhadores das subestações eléctricas (152,12±56,4 mg/dL) e os trabalhadores das torres de comunicações celulares (133,53±55,4 mg/dL), como mostra a Figura 3-21.

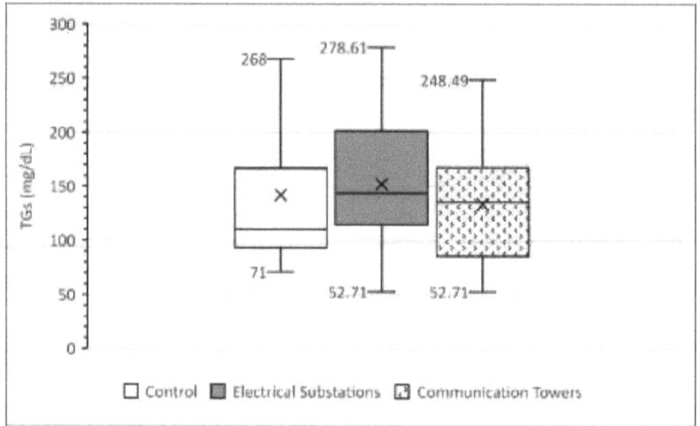

Figura 3-21: Média, mediana e intervalo dos TGs nos três grupos.

As diferenças nos níveis de CT não foram significativas (*P>0,05*) entre o controlo (169,63±37,5 mg/dL), os trabalhadores das subestações eléctricas (159,06±50,1 mg/dL) e os trabalhadores das torres de comunicações celulares (158,67±34,5 mg/dL), como mostra a Figura 3-22.

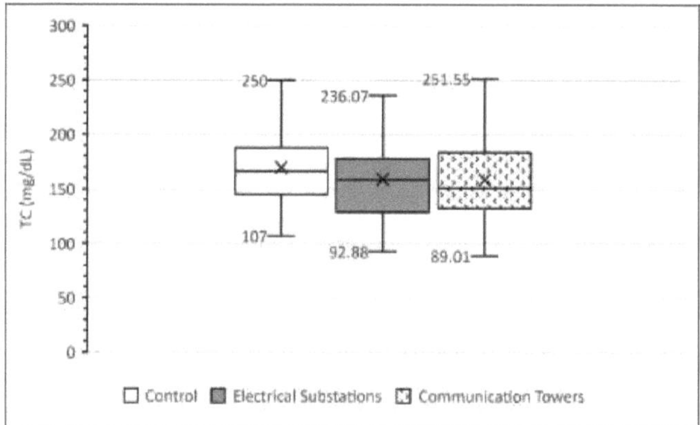

Figura 3-22: Média, mediana e intervalo da CT nos três grupos.

As diferenças nos níveis de HDL não foram significativas (*P>0,05*) entre o controlo (43,17±12,7 mg/dL) e os trabalhadores das subestações eléctricas (38,79±10,3 mg/dL), enquanto os trabalhadores das torres de comunicações celulares (37,06±10,8 mg/dL) apresentaram níveis de HDL significativamente (*P<0,05*) mais baixos em comparação com o controlo, e diferenças não significativas (*P>0,05*) nos níveis de HDL em comparação com os trabalhadores das subestações eléctricas, como mostra a Figura 3-23.

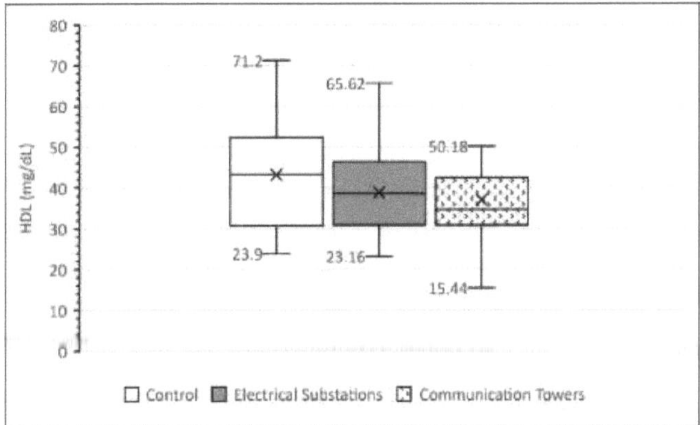

Figura 3-23: Média, mediana e intervalo do HDL nos três grupos.

As diferenças nos níveis de LDL não foram significativas ($P>0,05$) entre o controlo (98,10±40,7 mg/dL), os trabalhadores das subestações eléctricas (89,84±49,0 mg/dL) e os trabalhadores das torres de comunicações celulares (94,91±32,4 mg/dL), como mostra a Figura 3-24.

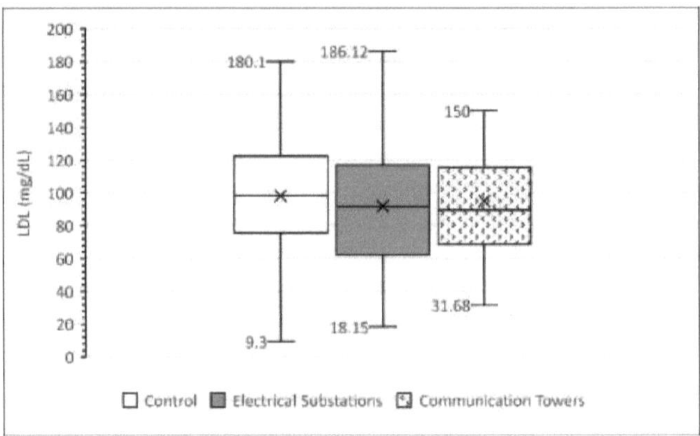

Figura 3-24: Média, mediana e intervalo de LDL nos três grupos.

As diferenças nos níveis de VLDL não foram significativas (*P>0,05*) entre o controlo (28,35±16,9 mg/dL), os trabalhadores das subestações eléctricas (30,42±11,3 mg/dL) e os trabalhadores das torres de comunicações celulares (26,71±11,1 mg/dL), como mostra a Figura 3-25.

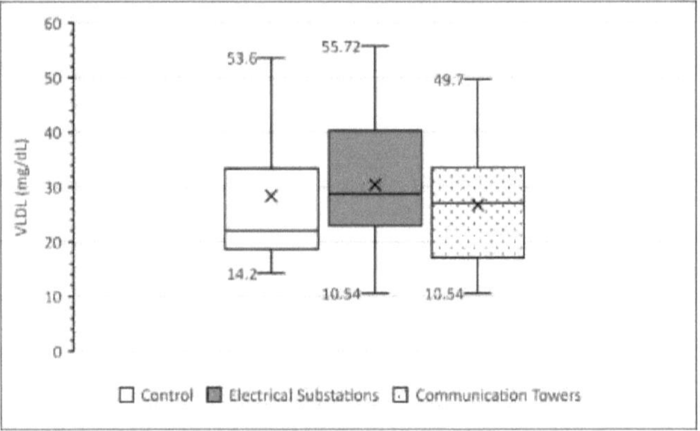

Figura 3-25: Média, mediana e intervalo de VLDL nos três grupos.

Os resultados actuais do perfil lipídico em trabalhadores de subestações eléctricas estão de acordo com o estudo anterior de Baroncell *et al.* (1986), que realizaram um exame de saúde aos trabalhadores destas subestações que estavam continuamente expostos ao ambiente profissional. Os autores relataram diferenças não significativas no perfil lipídico entre pessoas expostas e não expostas[184] .
Relativamente ao efeito da exposição a torres de comunicações móveis no perfil lipídico, foi realizado um estudo anterior por Al-Uboody (2015). O autor investigou as diferenças dos parâmetros do perfil lipídico em pessoas expostas e não expostas em quatro províncias do sul do Iraque. As diferenças nos níveis do perfil lipídico foram

significativas em parte e não significativas noutras partes, em função da província. No entanto, o autor atribuiu estas alterações dos parâmetros do perfil lipídico ao estilo de vida dos indivíduos[185] .

3.8. Correlação

A associação entre os parâmetros de stress oxidativo, os parâmetros antioxidantes e os oligoelementos com outras variáveis do estudo foi investigada utilizando o coeficiente de correlação de Pearson (r) em trabalhadores de subestações eléctricas e em trabalhadores de torres de comunicações celulares.

3.8.1 Correlação em trabalhadores de subestações

A Tabela 3-8 contém os valores de r e P para as relações de MDA, TOS, TAC, GSH, Pb, Cd, Cu, Zn e Mn com outras variáveis em trabalhadores de subestações eléctricas.

O MDA apresentou uma correlação positiva fraca com o TAC (r=0,388, $P=0,013$) e GSH (r=0,332, $P=0,036$) no soro dos trabalhadores das subestações eléctricas, Figura 3-26.

Tabela 3-8: Correlação em trabalhadores de subestações eléctricas.

Variables	MDA r	MDA P	TOS r	TOS P	TAC r	TAC P	GSH r	GSH P	Pb r	Pb P	Cd r	Cd P	Cu r	Cu P	Zn r	Zn P	Mn r	Mn P
MDA	-	-	0.008	0.959	0.388*	0.013	0.332*	0.036	-0.092	0.571	0.038	0.814	0.078	0.632	0.043	0.792	0.202	0.211
TOS	0.008	0.959	-	-	0.082	0.614	0.055	0.734	0.079	0.628	0.172	0.289	0.638*	0.001	-0.088	0.588	-0.101	0.534
TAC	0.388*	0.013	0.082	0.614	-	-	0.477*	0.002	-0.176	0.277	0.022	0.894	0.084	0.605	0.191	0.237	-0.007	0.966
GSH	0.332*	0.036	0.055	0.734	0.477*	0.002	-	-	-0.121	0.459	-.021	0.896	0.026	0.872	0.160	0.323	-0.031	0.847
Pb	-0.092	0.571	0.079	0.628	-0.176	0.277	-0.121	0.459	-	-	0.022	0.891	-0.200	0.216	-0.012	0.943	0.197	0.222
Cd	0.038	0.814	0.172	0.289	0.022	0.894	-0.021	0.896	0.022	0.891	-	-	0.120	0.462	0.089	0.583	0.054	0.740
Cu	0.078	0.632	0.638*	0.001	0.084	0.605	0.026	0.872	-0.200	0.216	0.120	0.462	-	-	0.270	0.092	0.089	0.583
Zn	0.043	0.792	-0.088	0.588	0.191	0.237	0.160	0.323	-0.012	0.943	0.089	0.583	0.270	0.092	-	-	0.012	0.942
Mn	0.202	0.211	-0.101	0.534	-0.007	0.966	-0.031	0.847	0.197	0.222	0.054	0.740	-0.293	0.066	0.012	0.942	-	-
TSH	-0.085	0.602	-0.184	0.256	0.047	0.771	-0.365*	0.020	-0.222	0.168	0.053	0.747	-0.073	0.654	0.026	0.872	-0.187	0.247
T3	-0.061	0.709	-0.152	0.348	-0.130	0.423	0.037	0.819	0.307	0.054	0.040	0.808	-0.147	0.367	0.060	0.713	-0.075	0.646
T4	-0.168	0.299	-0.132	0.415	0.076	0.639	-0.040	0.804	0.202	0.211	-.185	0.253	-0.028	0.865	0.122	0.452	-0.296	0.064
ALT	-0.008	0.959	-0.062	0.705	0.086	0.598	0.055	0.736	0.166	0.307	352*	0.026	0.058	0.724	0.165	0.308	0.056	0.729
AST	0.061	0.707	-0.023	0.888	0.127	0.434	0.003	0.985	-0.155	0.339	0.058	0.720	0.013	0.937	0.342*	0.031	0.191	0.237
ALP	-0.107	0.510	0.080	0.624	-0.333*	0.036	-0.320*	0.044	0.047	0.771	0.027	0.868	-0.025	0.879	-0.046	0.779	0.177	0.276
Urea	0.033	0.838	-0.032	0.843	-0.159	0.327	0.021	0.896	-0.281	0.079	321*	0.043	0.094	0.562	-0.063	0.697	0.015	0.929
Uric acid	-0.062	0.705	-0.244	0.130	0.153	0.347	0.065	0.690	0.017	0.915	0.185	0.254	-0.043	0.792	0.186	0.250	0.176	0.279
Creatinine	0.312	0.050	0.171	0.291	0.026	0.873	-0.063	0.698	-0.073	0.656	0.021	0.895	0.150	0.355	0.107	0.511	0.189	0.243
TGs	-0.042	0.797	0.051	0.757	-0.129	0.428	-0.129	0.426	0.002	0.992	-.019	0.909	0.136	0.404	-.406*	0.009	-0.027	0.868
TC	-0.130	0.424	0.258	0.108	-0.019	0.907	-0.165	0.309	-0.194	0.230	0.235	0.144	0.204	0.208	-0.057	0725	0.176	0.278
HDL	-0.048	0.771	0.045	0.782	0.018	0.913	0.104	0.522	0.039	0.812	-.024	0.884	-0.293	0.066	0.034	0.837	0.177	0.275
LDL	-0.108	0.506	0.182	0.262	-0.008	0.959	-0.220	0.173	-0.163	0.314	0.216	0.180	0.172	0.289	-0.010	0.950	0.112	0.492
VLDL	-0.042	0.797	0.051	0.757	-0.129	0.428	-0.129	0.426	0.002	0.992	-.019	0.909	0.136	0.404	-.406*	0.009	-0.027	0.868
Age	-0.076	0.642	-0.041	0.801	0.188	0.245	-0.051	0.765	0.036	0.827	0.045	0.782	0.142	0.382	0.041	0.803	-0.248	0.123
BMI	0.110	0.499	-0.254	0.114	0.116	0.475	0.003	0.986	-0.122	0.455	0.001	0.994	-.353*	0.001	-0.170	0.293	0.332*	0.037

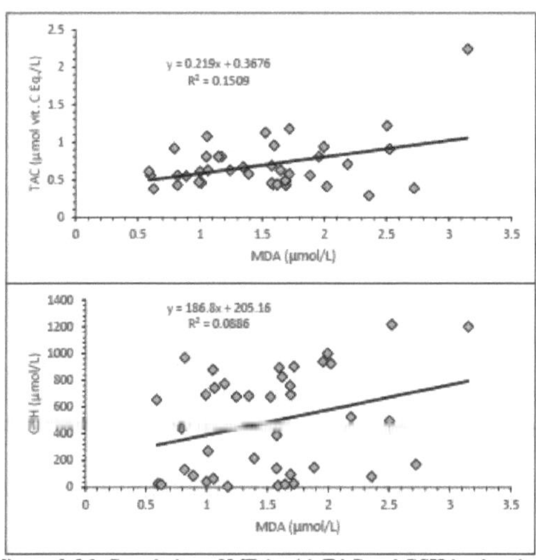

Figura 3-26: Correlação de MDA com TAC e GSH em trabalhadores de subestações eléctricas.

Os trabalhadores de subestações eléctricas mostraram uma correlação positiva moderada entre TOS e Cu (r=0,638, *P=0*,001), Figura 3-27.

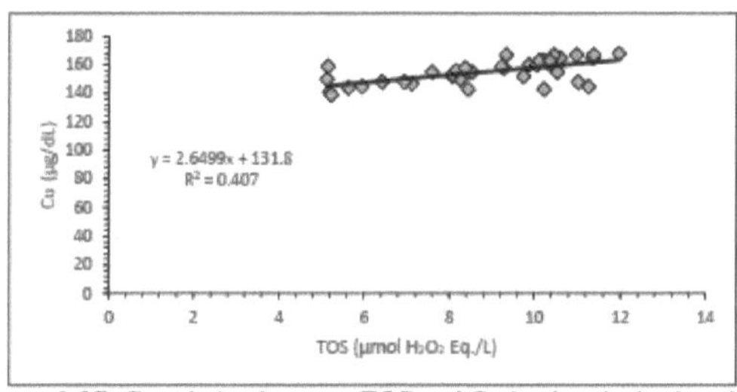

Figura 3-27: Correlação entre TOS e Cu em trabalhadores de subestações eléctricas.

Os trabalhadores das subestações eléctricas apresentaram uma correlação negativa fraca entre o TAC e a ALP (r=-0,333, *P=0*,036), Figura 3-28.

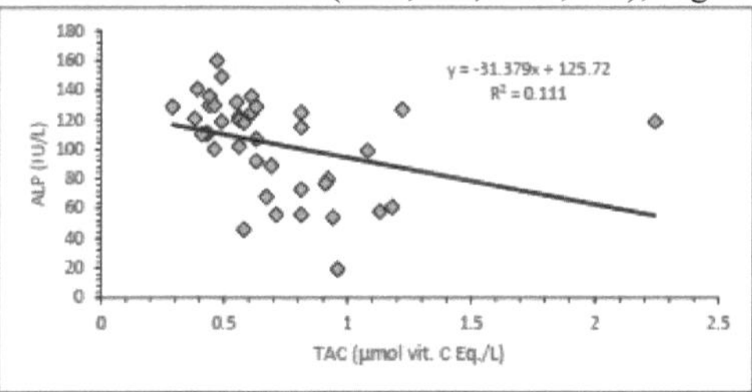

Figura 3-28: Correlação entre TAC e ALP em trabalhadores de subestações eléctricas.
A GSH apresentou uma correlação negativa fraca com a TSH (r=-0,365, *P=0*,020) e a

AST (r=-0,320, *P=0,044*) no soro dos trabalhadores das subestações eléctricas, Figura 3-29.

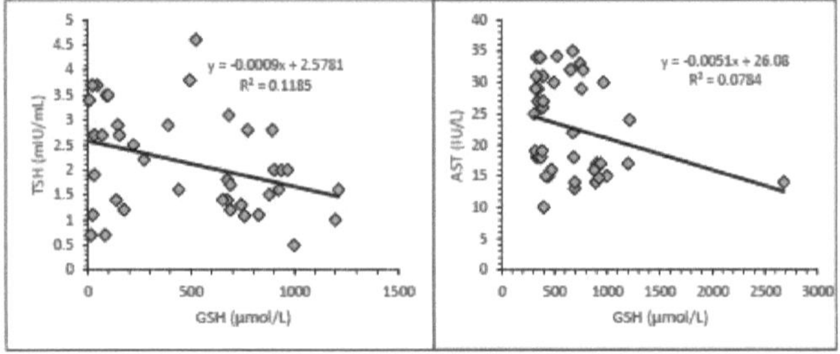

Figura 3-29: Correlação da GSH com TSH e AST em trabalhadores de subestações eléctricas

.

O Cd apresentou uma correlação positiva fraca com a ALT (r=0,352, *P=0,043*) e a ureia (r=0,321, *P=0,043*) no soro dos trabalhadores das subestações eléctricas, Figura 3-30.

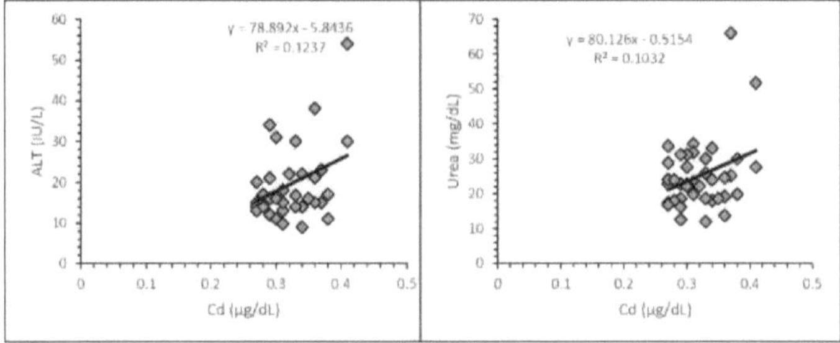

Figura 3-30: Correlação do Cd com a ALT e a ureia em sistemas eléctricos

trabalhadores das subestações.

Os trabalhadores das subestações eléctricas apresentaram uma correlação negativa fraca entre o Cu e o IMC (r=-0,353, *P=0,001*), Figura 3-31.

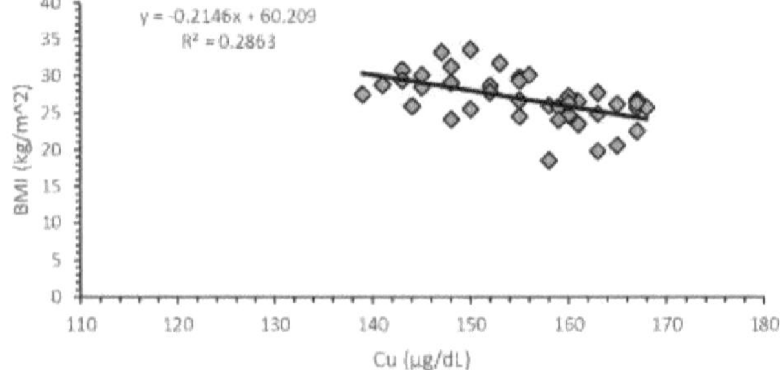

Figura 3-31: Correlação entre Cu e IMC em subestações eléctricas

trabalhadores.

76

O Zn mostrou uma correlação positiva fraca com a AST (r=0,342, *P=0,031*) e uma correlação negativa fraca com os TGs (r=-0,406, *P=0,009*) em trabalhadores de subestações eléctricas, Figura 3-32.

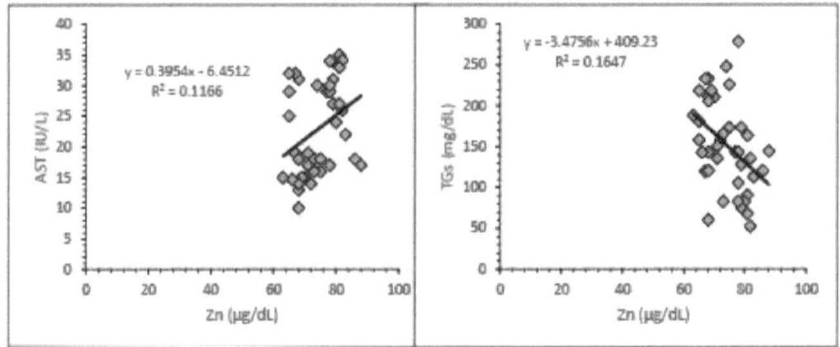

Figura 3-32: Correlação de Zn com AST e TGs em
trabalhadores de subestações eléctricas

Os trabalhadores das subestações eléctricas apresentaram uma correlação negativa fraca entre o Mn e o IMC (r=-0,332, *P=0,037*), Figura 3-33.

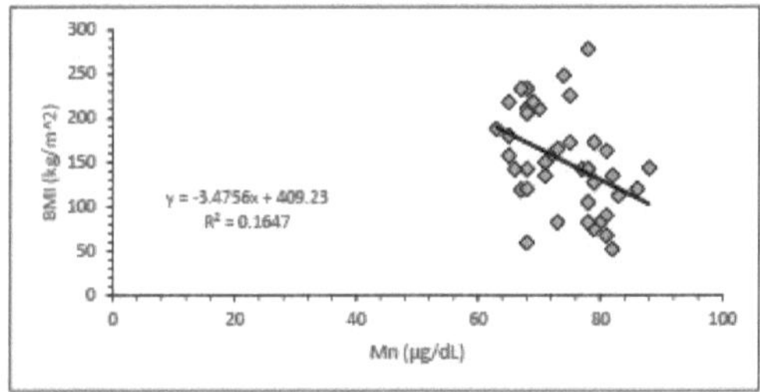

Figura 3-33: Correlação entre Mn e IMC em trabalhadores de subestações eléctricas.

3.8.2 Correlação em trabalhadores em torres

A Tabela 3-9 contém os valores de r e *P* para as relações de MDA, TOS, TAC, GSH, Pb, Cd, Cu, Zn e Mn com outras variáveis em trabalhadores de torres de comunicação celular.

Tabela 3-9: Correlação em trabalhadores de torres de comunicações celulares.

Variables	MDA		TOS		TAC		GSH		Pb		Cd		Cu		Zn		Mn	
	r	P	r	P	r	P	r	P	r	P	r	P	r	P	r	P	r	P
MDA	-	-	0.523*	0.001	-0.070	0.668	-0.115	0.481	-0.056	0.731	0.161	0.322	0.312	0.050	-0.076	0.640	-0.174	0.283
TOS	0.523*	0.001	-	-	0.072	0.658	0.102	0.531	0.094	0.563	0.126	0.440	0.166	0.306	-0.249	0.121	-0.231	0.151
TAC	-0.070	0.668	0.072	0.658	-	-	-0.237	0.142	-0.206	0.202	-.179	0.270	-0.098	0.548	0.140	0.391	0.205	0.204
GSH	-0.115	0.481	0.102	0.531	-0.237	0.142	-	-	-0.208	0.199	-.066	0.684	0.029	0.861	-0.213	0.187	-0.107	0.512
Pb	-0.056	0.731	0.094	0.563	-0.206	0.202	-0.208	0.199	-	-	-.024	0.886	-.313*	0.049	-0.309	0.053	-0.264	0.099
Cd	0.161	0.322	0.126	0.440	-0.179	0.270	-0.066	0.684	-0.024	0.886	-	-	-.021	0.896	0.266	0.097	-.231	0.152
Cu	0.312	0.050	0.166	0.306	-0.098	0.548	0.029	0.861	-.313*	0.049	-.021	0.896	-	-	0.287	0.073	0.197	0.223
Zn	-0.076	0.640	-0.249	0.121	0.140	0.391	-0.213	0.187	-0.309	0.053	0.266	0.097	0.287	0.073	-	-	0.191	0.239
Mn	-0.174	0.283	-0.231	0.151	0.205	0.204	-0.107	0.512	-0.264	0.099	-.231	0.152	0.197	0.223	0.191	0.239	-	-
TSH	-0.008	0.962	-0.052	0.749	0.107	0.511	-0.124	0.446	-0.133	0.413	0.169	0.298	0.293	0.067	0.151	0.354	0.229	0.155
T3	0.001	0.993	-0.125	0.444	-0.076	0.641	0.039	0.810	-0.003	0.983	0.289	0.070	-0.214	0.185	-0.011	0.948	-0.242	0.133
T4	0.066	0.685	0.059	0.719	-0.095	0.558	-0.083	0.611	0.070	0.668	0.275	0.086	-0.242	0.132	0.029	0.860	-0.086	0.600
ALT	-0.025	0.880	-0.199	0.219	0.141	0.385	0.010	0.951	-0.140	0.389	0001	0.999	0.195	0.227	0.386*	0.014	0.007	0.968
AST	-0.034	0.835	-0.032	0.847	-0.186	0.251	0.007	0.967	-0.195	0.228	-.197	0.222	0.186	0.252	0.213	0.187	-0.069	0.673
ALP	-0.185	0.254	-0.047	0.774	-0.013	0.938	0.128	0.431	-0.265	0.098	-.139	0.393	0.097	0.550	0.165	0.309	0.015	0.925
Urea	0.261	0.103	0.079	0.627	0.049	0.766	-0.146	0.368	0.140	0.387	0.233	0.147	-0.019	0.907	-.327*	0.040	-.410*	0.009
Uric acid	0.210	0.192	-0.003	0.983	0.044	0.787	-0.023	0.889	0.111	0.496	0.129	0.426	-0.020	0.902	-0.089	0.587	-0.114	0.483
Creatinine	0.115	0.479	0.252	0.116	-0.238	0.140	-0.134	0.410	0.230	0.153	0.163	0.314	0.068	0.676	-0.101	0.534	-0.034	0.833
TGs	-0.053	0.747	0.155	0.340	-0.033	0.838	0.492*	0.001	-0.192	0.236	0.076	0.640	-0.013	0.938	-0.102	0.532	-0.238	0.139
TC	0.069	0.672	-0.225	0.163	-0.227	0.159	0.047	0.774	-0.023	0.890	0.182	0.261	0.048	0.769	-0.033	0.842	-0.202	0.211
HDL	0.260	0.105	0.108	0.508	0.130	0.422	-0.330*	0.038	0.072	0.658	0.120	0.462	0.297	0.063	0.333*	0.036	0.100	0.540
LDL	0.004	0.979	-.328*	0.039	-0.274	0.087	-0.008	0.962	0.017	0.916	0.128	0.433	-0.044	0.788	-0.111	0.494	-0.167	0.302
VLDL	-0.053	0.747	0.155	0.340	-0.033	0.838	0.492*	0.001	-0.192	0.236	0.076	0.640	-0.013	0.938	-0.102	0.532	-0.238	0.139
Age	0.175	0.332	0.149	0.358	0.094	0.562	0.006	0.969	0.192	0.234	0.024	0.885	0.121	0.458	-0.068	0.679	0.143	0.378
BMI	-0.022	0.892	0.065	0.689	0.305	0.056	0.026	0.875	0.111	0.494	-.177	0.276	-0.093	0.570	-0.044	0.786	0.293	0.066

Os trabalhadores de torres de comunicações celulares mostraram uma correlação positiva moderada entre TOS e MDA (r=0,523, *P=0,001*), e uma correlação negativa fraca entre TOS e LDL (r=-0,328, *P=0,039*), Figura 3-34.

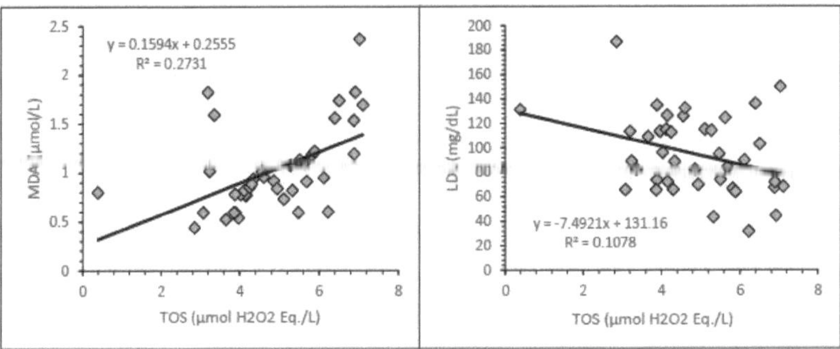

Figura 3-34: Correlação de TOS com MDA e LDL em trabalhadores de torres de comunicação celular

Os trabalhadores das torres de comunicações celulares mostraram uma correlação positiva fraca entre GSH e TGs (r=0,429, *P=0,001*), e uma correlação negativa fraca entre GSH e HDL (r=-0,330, *P=0,038*), como mostra a Figura 3-35.

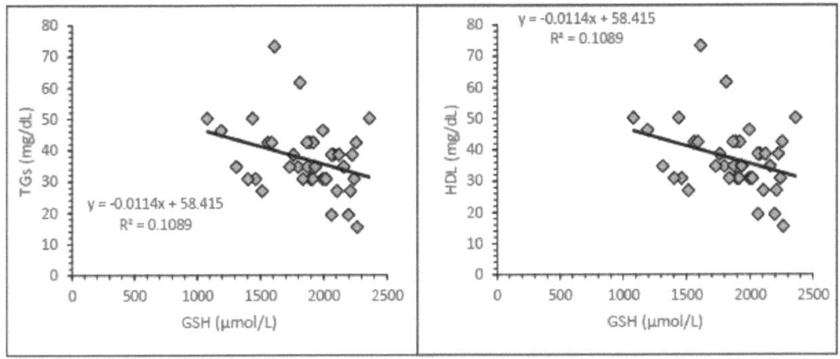

Figura 3-35: Correlação de TOS com MDA e LDL em trabalhadores de torres de comunicação celular

Os trabalhadores das torres de comunicações celulares apresentaram uma correlação negativa fraca entre o Pb e o Cu (r=-0,313, *P=0,049*), Figura 3-36.

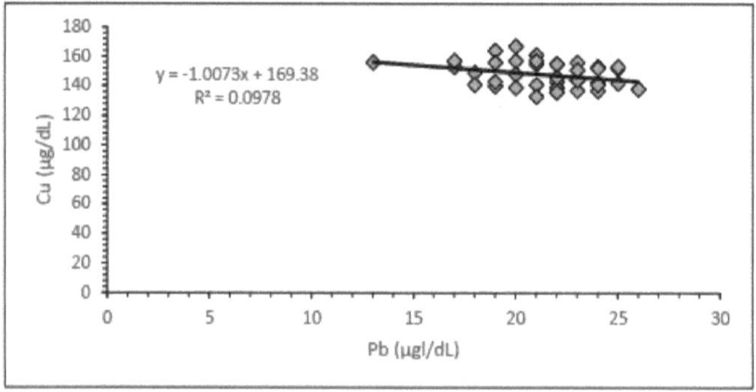

Figura 3-36: Correlação entre Pb e Cu em
trabalhadores de torres de comunicações celulares

O Zn apresentou uma correlação fraca positiva com ALT (r=0,386, *P=0*,014), e HDL
(r=0,333, *P=0*,036) em trabalhadores de torres de comunicações celulares, Figura 3-
37. Por outro lado, o Zn e a ureia apresentaram uma correlação fraca negativa (r=-
0,327, *P=0*,040) em trabalhadores de torres de comunicações celulares, Figura 3-38.

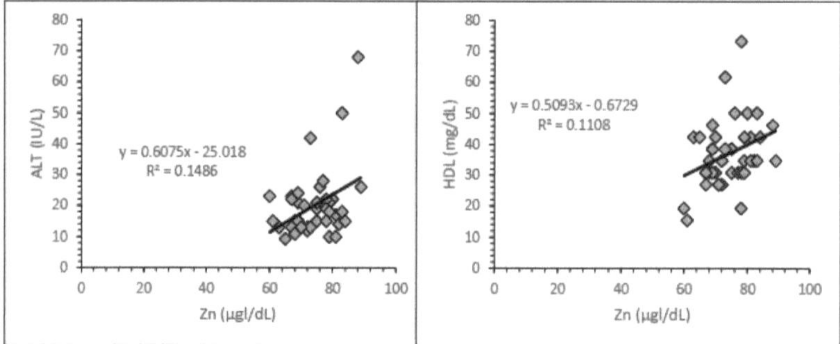

Figura 3-37: Correlação de Zn com ALT e HDL em células
trabalhadores das torres de comunicação.

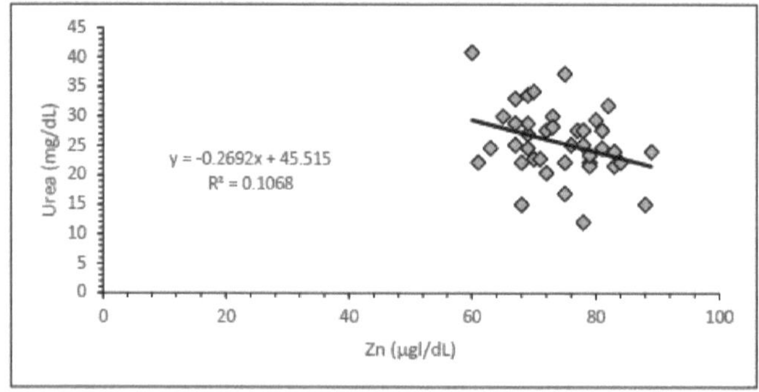

Figura 3-38: Correlação entre Zn e ureia em trabalhadores de torres de comunicações
celulares.

Os trabalhadores das torres de comunicações celulares apresentaram uma correlação negativa fraca entre Mn e ureia (r=-0,410, *P=0*,009), Figura 3-39.

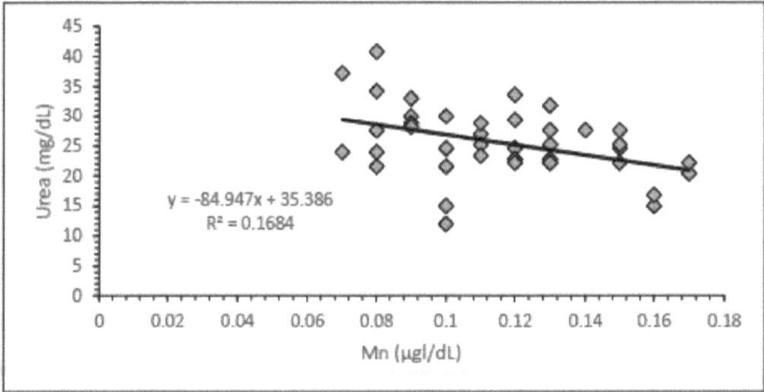

Figura 3-39: Correlação entre Mn e ureia em trabalhadores de torres de comunicações celulares.

CONCLUSÃO

1. As pessoas expostas continuamente ao ambiente das subestações eléctricas e/ou das torres de comunicações celulares correm sérios riscos de saúde, decorrentes de um aumento do stress oxidativo, a que corresponde uma diminuição dos antioxidantes.

2. Os resultados das pessoas expostas mostraram níveis significativamente mais elevados de MDA e TOS, acompanhados por níveis significativamente mais baixos de TAC e GSH.

3. As pessoas expostas ao ambiente das subestações eléctricas e/ou das torres de comunicações celulares revelaram níveis significativamente elevados de Pb e Cd no sangue e de Cu no soro. Estes elementos pró-oxidantes podem estar envolvidos (em parte) no desenvolvimento do stress oxidativo nas pessoas expostas.

4. As pessoas expostas ao ambiente das subestações eléctricas e/ou das torres de comunicações celulares apresentaram níveis significativamente reduzidos de Zn. Isto pode influenciar a atividade antioxidante da enzima antioxidante Cu/Zn-SOD, que, por sua vez, reduz o TAC das pessoas expostas.

5. A função tiroideia, a função renal, a função hepática e o perfil lipídico das pessoas expostas estavam na média normal das pessoas expostas.

6. O TOS foi correlacionado positivamente com o Cu em trabalhadores de subestações eléctricas, o que significa que o cobre está diretamente envolvido no agravamento do estado oxidativo destas pessoas.

7. O TOS foi correlacionado positivamente com o MDA em trabalhadores de torres de comunicação celular, o que significa que a peroxidação lipídica está diretamente envolvida no agravamento do estado oxidativo destas pessoas.

RECOMANDAÇÃO

1. Realização de um exame periódico de saúde na ocupação de pessoas em subestações eléctricas e torres de comunicação celular.

2. Realização de seminários de sensibilização para orientar os trabalhadores das centrais eléctricas e das torres de comunicações celulares sobre os perigos das radiações, dos poluentes e dos oligoelementos a que estão expostos no ambiente de trabalho, de forma contínua, a fim de evitar taxas elevadas de stress oxidativo e preservar a sua saúde.

3. Estabelecer orientações sobre os locais de exposição a radiações de arco magnético elétrico e a sala de carregamento de baterias para evitar a exposição a radiações e gases tóxicos que provocam baixos níveis de antioxidantes e enfraquecem a sua imunidade.

4.   A utilização de materiais antioxidantes é altamente recomendada para as pessoas que trabalham em subestações eléctricas e torres de comunicação celular.

5.   A desintoxicação de elementos pesados é altamente recomendada para remover os metais envenenadores pró-oxidantes para as pessoas que ocupam as subestações eléctricas e as torres de comunicações celulares.

Trabalhos futuros:

1.   Estudo do efeito das centrais eléctricas nos oligoelementos e no stress oxidativo das pessoas expostas.

2.   Investigação do estado inflamatório de pessoas em subestações eléctricas através da avaliação de citocinas pró e anti-inflamatórias.

3.   Avaliação do efeito da radiação dos telemóveis na saúde dos olhos através da medição da zeaxantina, luteína e beta-caroteno em pessoas expostas.

Referências

1. Molyneaux L, Wagner L, Froome C, Foster J. Resilience and electricity systems: A comparative analysis. Energy Policy. 2012;47:188-201.

2. Hinrichs RA, Kleinbach MH. Energia: A sua utilização e o ambiente: Cengage Learning; 2012.

3. Tang M, Mudd GM. The pollution intensity of Australian power stations: a case study of the value of the National Pollutant Inventory (NPI). Environmental Science and Pollution Research. 2015;22(23):18410-24.

4. Gangwar RS, Bevan GH, Palanivel R, Das L, Rajagopalan S. Oxidative stress pathways of air pollution mediated toxicity: Recent insights. Biologia Redox. 2020;34:101545.

5. Zamanian A, Hardiman C. Electromagnetic radiation and human health: Uma revisão das fontes e dos efeitos. High Frequency Electronics. 2005;4(3):16-26.

6. Koc U, Cam I. Capítulo 24 - Radiação e stress oxidativo. Em: Patel VB, Preedy VR, editores. Toxicology: Academic Press; 2021. p. 23341.

7. Przystupa K, Pohrebennyk V, Mitryasova O, Kochan O, editores. A influência do campo eletromagnético na saúde humana. 2019 Aplicações de eletromagnética em engenharia e medicina modernas (PTZE); 2019: IEEE.

8. Acharya R, Kumar D, Mathur G. Estudo dos efeitos da radiação electromagnética no corpo humano e técnicas de redução. Tecnologias ópticas e sem fios: Springer; 2018. p. 497-505.

9. Munteanu C, Visan G, Pop IT, Topa V, Merdan E, Racasan A, editores. Distribuição de campos eléctricos e magnéticos no interior de subestações de alta e muito alta tensão. 2009 20º Simpósio Internacional de Zurique sobre Compatibilidade Electromagnética; 2009: IEEE.

10. Luria R, Eliyahu I, Hareuveny R, Margaliot M, Meiran N. Cognitive effects of radiation issued by cellular phones: the influence of exposure side and time. Bioelectromagnetics: Journal of the Bioelectromagnetics Society, The Society for Physical Regulation in Biology and Medicine, The European Bioelectromagnetics Association. 2009;30(3):198-204.

11. Lu M, Wu X-Y, editores. Estudo da taxa de absorção específica (SAR) induzida nas glândulas endócrinas humanas pela utilização de telemóveis. 2016 Simpósio Internacional Ásia-Pacífico sobre Compatibilidade Electromagnética (APEMC); 2016: IEEE.

12. Okechukwu CE. A utilização do telemóvel afecta a fertilidade masculina? Uma mini-revisão. Jornal de Ciências da Reprodução Humana. 2020;13(3):174.

13. Akdag M, Dasdag S, Canturk F, Akdag MZ. A exposição a campos electromagnéticos não ionizantes emitidos por telemóveis induziu danos no ADN das células do folículo piloso do canal auditivo humano. Biologia electromagnética e medicina. 2018;37(2):66-75.

14. Mahata H, De S, Sinha M, Dhara PC. Effect of Radiofrequency Radiation Emitted by a Mobile Phone on Human Cardiovascular System (Efeito da radiação de

radiofrequência emitida por um telemóvel no sistema cardiovascular humano). 2015.

15. Arjaria SK, Rathore AS, Chaubey G. Developing an Explainable Machine Learning-Based Thyroid Disease Prediction Model (Desenvolvimento de um modelo de previsão de doenças da tiroide baseado na aprendizagem automática explicável). Revista Internacional de Análise de Negócios (IJBAN). 2022;9(3):1- 18.

16. Chernock R, Williams MD. 7 - Glândulas Tireoide e Paratireoide. In: Gnepp DR, Bishop JA, editores. Gnepp's Diagnostic Surgical Pathology of the Head and Neck (Terceira Edição). Oxford: Elsevier; 2021. p. 606-88.

17. Ellis H. Anatomy of the thyroid and parathyroid glands (Anatomia das glândulas tiroide e paratiroide). Surgery (Oxford). 2007;25(11):467-8.

18. Mills S. Histologia para patologistas: Lippincott Williams & Wilkins; 2019.

19. Mohebati, A., e A. R. Shaha. "Anatomia das glândulas tiroide e paratiroide e relações neurovasculares". Clinical Anatomy 2012:25(1):19-31.

20. Scanes CG. Pituitary gland. Sturkie's Avian Physiology: Elsevier; 2022. p. 739-93.

21. Ortiga-Carvalho TM, Chiamolera MI, Pazos-Moura CC, Wondisford FE. Hypothalamus-pituitary-thyroidaxis .
Comprehensive Physiology. 2011;6(3):1387-428.

22. Merrill S, Pandiyan B. A model of the cost of delaying treatment of Hashimoto's thyroiditis: thyroid cancer initiation and growth. Biociências matemáticas e engenharia: MBE. 2019;16:8069-91.

23. Nilsson M, Fagman H. Development of the thyroid gland (Desenvolvimento da glândula tiroide). Development. 2017;144(12):2123-40.

24. Peters C, Schoenmakers N. A glândula tiroide. 2019. p. 289-334.

25. Larsen PR, Zavacki AM. Role of the iodothyronine deiodinases in the physiology and pathophysiology of thyroid hormone action. Revista Europeia da Tiroide. 2012;1(4):232-42.

26. Gullo D, Latina A, Frasca F, Le Moli R, Pellegriti G, Vigneri R. A monoterapia com levotiroxina não pode garantir o eutiroidismo em todos os doentes atrióticos. PloS one. 2011;6(8):e22552.

27. Gereben B, Zavacki AM, Ribich S, Kim BW, Huang SA, Simonides WS, et al. Cellular and molecular basis of deiodinase-regulated thyroid hormone signaling. Endocrine reviews. 2008;29(7):898-938.

28. Liu Y-Y, Milanesi A, Brent GA. Capítulo 21 - Hormonas da tiroide. In: Litwack G, editor. Sinalização hormonal em biologia e medicina: Academic Press; 2020. p. 487-506.

29. Bernal J, Guadano-Ferraz A, Morte B. Thyroid hormone transporters-functions and clinical implications. Nature Reviews Endocrinology. 2015;11(7):406-17.

30. Odum J. Disrupters of Thyroid Hormone Action and Synthesis (Perturbadores da ação e síntese da hormona tiroideia). 2022. p. 105-26.

31. Moini J, Pereira K, Samsam M. Capítulo 3 - Iodo e hormonas da tiroide. In: Moini J, Pereira K, Samsam M, editores. Epidemiologia dos distúrbios da tiroide: Elsevier;

2020. p. 45-62.

32. Jariwala, H. J., Syed, H. S., Pandya, M. J., & Gajera, Y. M. Poluição sonora e saúde humana: uma revisão. Indoor Built Environ, 2017, 14.

33. Liu Y-Y, Milanesi A, Brent G. Thyroid Hormones. 2020. p. 487506.

34. Brtko J. Thyroid hormone and thyroid hormone nuclear receptors: History and present state of art. Regulamentos endócrinos. 2021;55:103- 19.

35. Reid JR, Wheeler SF. Hipertiroidismo: diagnóstico e tratamento. American family physician. 2005;72(4):623-30.

36. Morris-Wiseman LF. Thyroidectomy for Graves' Disease Rapidly Improves Symptoms and Quality of Life (Tireoidectomia para a doença de Graves melhora rapidamente os sintomas e a qualidade de vida). Tireoidologia Clínica. 2022;34(1):17-9.

37. Niedziela M. Hipertiroidismo em adolescentes. Conexões Endócrinas. 2021;10.

38. Samsam M. Capítulo 6 - Hipertiroidismo. Em: Moini J, Pereira K, Samsam M, editores. Epidemiologia dos distúrbios da tiroide: Elsevier; 2020. p. 121-45.

39. Hasegawa Y, Kitahara Y, Osuka S, Tsukui Y, Kobayashi M, Iwase A. Effect of hypothyroidism and thyroid autoimmunity on the ovarian reserve: A systematic review and meta-analysis. Reproductive Medicine and Biology. 2022;21(1):e12427.

40. Chiovato, L., Magri, F., & Carle, A. (2019). Hipotiroidismo em contexto: onde estivemos e para onde vamos. Avanços na terapia, 36(2), 47-58.

41. Feldt-Rasmussen U, Klose M, Rasmussen AK. Causas do hipotiroidismo^. In: Huhtaniemi I, Martini L, editores. Encyclopedia of Endocrine Diseases (Segunda Edição). Oxford: Academic Press; 2017. p. 600-3.

42. Moini J, Pereira K, Samsam M. Capítulo 5 - Hipotiroidismo. In: Moini J, Pereira K, Samsam M, editores. Epidemiologia dos distúrbios da tiroide: Elsevier; 2020. p. 89-120.

43. Barghouthi N, Bakhutashvili V. Hypothyroidism. 2021. p. 36-40.

44. Sanjay ss, Shukla A. Radicais Livres Versus Antioxidantes. 2021. p. 1 17.

45. Kiran Kumar KM, Nagesh R, Naveen Kumar M, Prashanth SJ, Babu RL. Capítulo Dez - Stress oxidativo na modulação da função imunitária do gado. In: Mondal S, Singh RL, editores. Questões emergentes na produção de gado inteligente para o clima: Academic Press; 2022. p. 225-45.

46. Mravljak J. Radicais livres e stress oxidativo. Farmacevtski Vestnik. 2015;66:127-32.

47. Bayr H. Espécies reactivas de oxigénio. Critical care medicine. 2005;33(12):S498-S501.

48. Camargo L, Touyz R. Espécies Reactivas de Oxigénio. 2019. p. 127-36.

49. Krumova K, Cosa G. Visão geral das espécies reactivas de oxigénio. 2016.

50. Jakubczyk K, Dec K, KaMunska J, Kawczuga D, Kochman J, Janda K. Reactive

oxygen species - sources, functions, oxidative damage. Pol Merkur Lekarski. 2020;48(284):124-7.

51. Madkour LH. Capítulo 2 - Mecanismos biológicos das espécies reactivas de oxigénio (ROS). Em: Madkour LH, editor. Reactive Oxygen Species (ROS), Nanoparticles, and Endoplasmic Reticulum (ER) Stress- Induced Cell Death Mechanisms: Academic Press; 2020. p. 19-35.

52. Brown GC, Borutaite V. Não há provas de que as mitocôndrias sejam a principal fonte de espécies reactivas de oxigénio nas células dos mamíferos. Mitochondrion. 2012;12(1):1-4.

53. Banerjee A, Roychoudhury A. Abiotic stress, generation of reactive oxygen species, and their consequences: an overview. Reactive oxygen species in plants: boon or bane? Revisitando o papel das ROS. 2018:23-50.

54. Lee D^az, A. S., Macheda, D., Saha, H., Ploll, U., Orine, D., & Biere, A. Tackling the context-dependency of microbial-induced resistance. Agronomia. 2021, 11(7), 1293.

55. Labat-Robert J, Robert L. Longevidade e envelhecimento. Papel dos radicais livres e da xantina oxidase. Uma revisão. Pathologie Biologie. 2014;62(2):61-6.

56. Lee H-M, Choi JW, Choi MS. Role of Nitric Oxide and Protein S- Nitrosylation in Ischemia-Reperfusion Injury. Antioxidantes. 2022;11(1):57.

57. Nauseef WM. Biossíntese da mieloperoxidase humana. Arquivos de bioquímica e biofísica. 2018;642:1-9.

58. Ryan B, Lo Faro ML, Whiteman M, Winyard P. Espécies Reactivas de Oxigénio. 2016.

59. Ghosh N, Das A, Chaffee S, Roy S, Sen CK. Capítulo 4 - Espécies Reactivas de Oxigénio, Dano Oxidativo e Morte Celular. In: Chatterjee S, Jungraithmayr W, Bagchi D, editores. Imunidade e inflamação na saúde e na doença: Academic Press; 2018. p. 45-55.

60. Solomon EI, Stahl SS. Introduction: Oxygen Reduction and Activation in Catalysis. Chemical Reviews. 2018;118(5):2299-301.

61. Villamena FA. Capítulo 3 - Espécies Reativas em Sistemas Biológicos. In: Villamena FA, editor. Reactive Species Detection in Biology (Deteção de Espécies Reactivas em Biologia). Boston: Elsevier; 2017. p. 65-86.

62. Vaskova J, Vasko L, Kron I. Processos oxidativos e metaloenzimas antioxidantes. Antioxidant enzyme. 2012;2:19-58.

63. Kehrer JP. A reação de Haber-Weiss e os mecanismos de toxicidade. Toxicologia. 2000;149(1):43-50.

64. Huie RE, Neta P. Chemistry of reactive oxygen species (Química das espécies reactivas de oxigénio). Reactive oxygen species in biological systems: Springer; 2002. p. 33-73.

65. Hayyan M, Hashim MA, AlNashef IM. Ião Superóxido: Geração e Implicações

Químicas. Chemical Reviews. 2016;116(5):3029- 85.

66. Edge R, Truscott TG. Oxigénio singlete e reacções de radicais livres de retinóides e carotenóides - uma revisão. Antioxidantes. 2018;7(1):5.

67. Galli F, Piroddi M, Annetti C, Aisa C, Floridi E, Floridi A. Oxidative stress and reactive oxygen species. Cardiovascular Disorders in Hemodialysis (Distúrbios cardiovasculares em hemodiálise). 149: Karger Publishers; 2005. p. 240-60.

68. Iwakami S, Misu H, Takeda T, Sugimori M, Matsugo S, Kaneko S, et al. Concentration-dependent dual effects of hydrogen peroxide on insulin signal transduction in H4IIEC hepatocytes. PloS one. 2011;6(11).

69. Fischbacher A, von Sonntag C, Schmidt TC. Hydroxyl radical yields in the Fenton process under various pH, ligand concentrations and hydrogen peroxide/Fe(II) ratios. Chemosphere. 2017;182:738-44.

70. Bergamini CM, Gambetti S, Dondi A, Cervellati C. Oxigénio, espécies reactivas de oxigénio e danos nos tecidos. Projeto farmacêutico atual. 2004;10(14):1611-26.

71. Bratko F, Gradisnik L, Rihar K, Pereyra A, Dermic D, Mazija H. Lipid Peroxidation Research (Editor: Mahmoud Ahmed Mansour) Capítulo 5: Royal Jelly and human Interferon-Alpha (HuIFN- AlphaN3) affect proliferation, glutathione level and lipid peroxidation in human colorectal adenocarcinoma cells in vitro2020.

72. Onur Yaman S, e Ayhanci A. "lipid peroxidation". IntechOpen. 2021. p. 1-11.

73. Hall ED. 56 - Peroxidação lipídica. In: Welch KMA, Caplan LR, Reis DJ, Siesjo BK, Weir B, editores. Primer on Cerebrovascular Diseases. San Diego: Academic Press; 1997. p. 200-4.

74. Kagan VE. Peroxidação lipídica em biomembranas: CRC press; 2018.

75. Recknagel RO, Glende EA, Britton RS. Danos causados pelos radicais livres e peroxidação lipídica. Hepatotoxicologia: CRC press; 2020. p. 401-36.

76. Draper H, Dhanakoti S, Hadley M, Piche L. Malondialdehyde in biological systems. Mecanismos de defesa antioxidante celular: CRC press; 2019. p. 97-109.

77. Morales M, Munne-Bosch S. Malondialdehyde: Facts and Artifacts. Plant Physiology. 2019;180(3):1246-50.

78. Roede JR, Fritz KS. Hepatotoxicidade dos Aldeídos Reactivos^. Módulo de Referência em Ciências Biomédicas: Elsevier; 2015.

79. Mansouri M, Abbasian S. Melatonin and Exercise: Seus efeitos sobre o malondialdeído e a peroxidação lipídica. 2018.

80. Landau G, Kodali VK, Malhotra JD, Kaufman RJ. Capítulo Catorze - Deteção de danos oxidativos em resposta ao desdobramento de proteínas no retículo endoplasmático. In: Cadenas E, Packer L, editores. Methods in Enzymology. 526: Academic Press; 2013. p. 231-50.

81. Alkadi H. A review on free radicals and antioxidants (Uma revisão sobre radicais livres e antioxidantes). Distúrbios infecciosos - alvos de drogas (anteriormente alvos de drogas atuais - distúrbios infecciosos). 2020;20(1):16-26.

82. Sotoudeh G, Abshirini M. Capítulo 12 - Capacidade antioxidante e sintomas da

menopausa. In: Preedy VR, Patel VB, editores. Envelhecimento (Segunda Edição): Academic Press; 2020. p. 125-33.

83. Sharifi-Rad M, Anil Kumar NV, Zucca P, Varoni EM, Dini L, Panzarini E, et al. Lifestyle, Oxidative Stress, and Antioxidants: Back and Forth in the Pathophysiology of Chronic Diseases. Fronteiras em Fisiologia. 2020;11(694).

84. Aslani BA, Ghobadi S. Estudos sobre oxidantes e antioxidantes com um breve olhar sobre a sua relevância para o sistema imunitário. Ciências da vida. 2016;146:163-73.

85. Singh YP, Patel RN, Singh Y, Butcher RJ, Vishakarma PK, Singh RB. Estrutura e atividade antioxidante da superóxido dismutase de complexos de cobre (II) hidrazona. Polyhedron. 2017;122:1-15.

86. Perera N, Godahewa G, Lee S, Kim M-J, Hwang JY, Kwon MG, et al. Manganês-superóxido dismutase (MnSOD), um ator importante no sistema de defesa antioxidante e no sistema imunitário adaptativo do cavalo-marinho (Hippocampus abdominalis). Fish & shellfish immunology. 2017;68:435-42.

87. Alfonso-Prieto M, Biarnes X, Vidossich P, Rovira C. The molecular mechanism of the catalase reaction. Journal of the American Chemical Society. 2009;131(33):11751-61.

88. Cardoso BR, Hare DJ, Bush AI, Roberts BR. Glutationa peroxidase 4: um novo ator na neurodegeneração? Molecular Psychiatry. 2017;22(3):328-35.

89. Mironczuk-Chodakowska I, Witkowska AM, Zujko ME. Antioxidantes não enzimáticos endógenos no corpo humano. Avanços em Ciências Médicas. 2018;63(1):68-78.

90. Rizzo AM, Berselli P, Zava S, Montorfano G, Negroni M, Corsetto P, et al. Endogenous antioxidants and radical scavengers. BioFarms for Nutraceuticals: Springer; 2010. p. 52-67.

91. Sarangarajan R, Meera S, Rukkumani R, Sankar P, Anuradha G. Antioxidants: Friend or foe? Jornal de Medicina Tropical da Ásia-Pacífico. 2017;10(12):1111-6.

92. Hu C. Efeito dos Antioxidantes Co-enzima Q10 e 0-caroteno na Citotoxicidade do Vemurafenib contra o Melanoma Maligno Humano 2017.

93. Farhat D, Lincet H. Lipoic acid a multi-level molecular inhibitor of tumorigenesis. Biochimica et Biophysica Ata (BBA)-Revistas sobre o Cancro. 2020;1873(1):188317.

94. Kihara TMY, Higashi Y. Bilirrubina e função endotelial. 2019.

95. Reiter RJ, Tan DX, Rosales-Corral S, Galano A, Zhou XJ, Xu B. Mitocôndrias: organelos centrais para as acções antioxidantes e anti-envelhecimento da melatonina. Molecules. 2018;23(2):509.

96. Smetanska I. Produção Sustentável de Polifenóis e Antioxidantes por Culturas In Vitro de Plantas. 2018. p. 1-45.

97. Gad SC. Glutationa. In: Wexler P, editor. Encyclopedia of Toxicology (Terceira Edição). Oxford: Academic Press; 2014. p. 751.

98. Alanazi AM, Mostafa GAE, Al-Badr AA. Capítulo Dois - Glutatião. In: Brittain HG, editor. Profiles of Drug Substances, Excipients and Related Methodology [Perfis

de substâncias medicamentosas, excipientes e metodologia relacionada]. 40: Academic Press; 2015. p. 43-158.

99. Aoyama K, Nakaki T. Capítulo 61 - Distúrbios do Metabolismo da Glutationa. In: Rosenberg RN, Pascual JM, editores. Rosenberg's Molecular and Genetic Basis of Neurological and Psychiatric Disease (Quinta Edição). Boston: Academic Press; 2015. p. 687-94.

100. Day RM, Suzuki YJ. Cell proliferation, reactive oxygen and cellular glutathione. Dose-resposta. 2005;3(3):dose-response. 003.03. 10.

101. Lushchak VI. Homeostase e funções do glutatião: Potential Targets for Medical Interventions. Journal of Amino Acids. 2012;2012:736837.

102. Conselho NR. Dieta e saúde: implicações para a redução de doenças crónicas risco de doença: National Academies Press; 1989.

103. Kimura T, Kambe T. The functions of metallothionein and ZIP and ZnT transporters: an overview and perspective. Revista Internacional de Ciências Moleculares. 2016;17(3):336.

104. Kohlmeier M. Trace Elements. 2020. p. 321-6.

105. Jarosz M, Olbert M, Wyszogrodzka G, Mlvniec K, Librowski T. Antioxidant and anti-inflammatory effects of zinc. Sinalização NF-κB dependente de zinco. Inflammopharmacology. 2017;25(1):11-24.

106. Skalny AV, Aschner M, Tinkov AA. Capítulo Oito - Zinco. In: Eskin NAM, editor. Advances in Food and Nutrition Research. 96: Academic Press; 2021. p. 251-310.

107. Karim N. Copper and Human Health- A Review. Jornal da Faculdade de Medicina e Odontologia da Universidade Bahria. 2018;08:117-22.

108. Collins JF. Capítulo Nove - Nutrição e bioquímica do cobre e (pato)fisiologia humana. In: Eskin NAM, editor. Advances in Food and Nutrition Research. 96: Academic Press; 2021. p. 311-64.

109. Araya M, Olivares M, Pizarro F. O cobre na saúde humana. Revista Internacional de Meio Ambiente e Saúde. 2007;1.

110. Collins JF. Capítulo 24 - Cobre. In: Marriott BP, Birt DF, Stallings VA, Yates AA, editores. Present Knowledge in Nutrition (Décima primeira edição): Academic Press; 2020. p. 409-27.

111. Freeland-Graves JH, Mousa TY, Kim S. International variability in diet and requirements of manganese: Causes and consequences. Journal of Trace Elements in Medicine and Biology. 2016;38:24-32.

112. Nielsen FH. Capítulo 29 - Manganês, molibdénio, boro, silício e outros oligoelementos. In: Marriott BP, Birt DF, Stallings VA, Yates AA, editores. Present Knowledge in Nutrition (Décima primeira edição): Academic Press; 2020. p. 485-500.

113. Szentmihalyi K, Vinkler P, Fodor J, Balla J, Lakatos B. The role of manganese in the human organism. Orvosi hetilap. 2006;147(42):2027-30.

114. Sharma H, Rawal N, Mathew BB. As características, a toxicidade e os efeitos

do cádmio. Revista internacional de nanotecnologia e nanociência. 2015;3:1-9.
115. Assi MA, Hezmee MNM, Haron AW, Sabri MYM, Rajion MA. Os efeitos nocivos do chumbo na saúde humana e animal. Vet World. 2016;9(6):660-71.
116. §lencu BG. Capítulo 41 - Proteção do selénio contra o stress oxidativo induzido pelo cádmio e pelo chumbo. In: Patel VB, Preedy VR, editores. Toxicology: Academic Press; 2021. p. 419-34.
117. Khan D, Qayyum S, Saleem S, Khan F. O stress oxidativo induzido pelo chumbo afecta negativamente a saúde dos trabalhadores profissionais. Toxicologia e Saúde Industrial. 2008;24(9):611-8.
118. McGill, M. R. O passado e o presente das aminotransferases séricas e o futuro dos biomarcadores de lesão hepática. Revista EXCLI, 2016, 15, 817.
119. Ndrepepa G, Kastrati A. Alanine aminotransferase a marker of cardiovascular risk at high and low activity levels. J Lab Precis Med. 2019;4(4):29.

120. Kummer N. Estratégias alternativas de amostragem para monitorizar o consumo de álcool no caso de reatribuição da carta de condução 2016.
121. PHELPS CA. Aspartato Aminotransferase. In: Mayer J, Donnelly TM, editores. Clinical Veterinary Advisor. Saint Louis: W.B. Saunders; 2013. p. 603-4.
122. Cornils, B., Herrmann, W. A., Xu, J. H., & Zanthoff, H. W. Catalysis from A to Z (fifth edition): a concise encyclopedia. John Wiley & Sons. 2020.
123. Vimalraj, S. Alkaline phosphatase: Structure, expression and its function in bone mineralization (Fosfatase alcalina: Estrutura, expressão e sua função na mineralização óssea). Gene, 2020, 754, 144855.
124. Green M, Sambrook J. Alkaline Phosphatase. Protocolos de Cold Spring Harbor. 2020(8), pdb.top100768.
125. HERSEY-BENNER C. Fosfatase alcalina. In: Mayer J, Donnelly TM, editores. Clinical Veterinary Advisor. Saint Louis: W.B. Saunders; 2013. p. 601.
126. Taay Y, Mohammed M, Abbas R, Ayad A, Mahdi M, editores. Determinação de alguns parâmetros bioquímicos no soro de mulheres obesas normotensas e hipertensas em Bagdade. Jornal de Física: Conference Series; 2021: IOP Publishing.
127. Kang D-H, Johnson RJ. Capítulo 43 - Metabolismo do ácido úrico e o rim. In: Kimmel PL, Rosenberg ME, editores. Doença Renal Crônica (Segunda Edição): Academic Press; 2020. p. 689-701.
128. HERSEY-BENNER C. Creatinina. In: Mayer J, Donnelly TM, editores. Clinical Veterinary Advisor. Saint Louis: W.B. Saunders; 2013. p. 615.

129. Harvey R, Ferrier D. Revisões ilustradas: Biochemistry. Lipponcott Williams & Wilkins, Philadelphia; 2011.
130. Baynes JW, Dominiczak MH. Bioquímica Médica E-Book: Elsevier Health Sciences; 2014.
131. Sonal Sekhar M, Marupuru S, Reddy BS, Kurian SJ, Rao M. Capítulo 21 - Papel fisiológico do colesterol no corpo humano. In: Preuss HG, Bagchi D, editores.

Dietary Sugar, Salt and Fat in Human Health (Açúcar, sal e gordura na dieta na saúde humana): Academic Press; 2020. p. 453-81.

132. Dasgupta A, Wahed A. Química clínica, imunologia e controlo de qualidade laboratorial: uma revisão abrangente para a preparação do conselho, certificação e prática clínica: Academic Press; 2013.

133. Marcelin G, Chua Jr S. Contributions of adipocyte lipid metabolism to body fat content and implications for the treatment of obesity (Contribuições do metabolismo lipídico dos adipócitos para o teor de gordura corporal e implicações para o tratamento da obesidade). Opinião atual em farmacologia. 2010;10(5):588-93.

134. Talayero BG, Sacks FM. O papel dos triglicéridos na aterosclerose. Relatórios actuais de cardiologia. 2011;13(6):544.

135. Jairam V, Uchida K, Narayanaswami V. Pathophysiology of lipoprotein oxidation. Lipoproteins: Role in Health and Diseases. 2012:383.

136. Francis GA. High-density lipoproteins: metabolism and protective roles against atherosclerosis. Bioquímica de lipídios, lipoproteínas e membranas: Elsevier; 2016. p. 437-57.

137. Colpo A. Colesterol LDL:" Bad" Cholesterol ou Bad Science? Journal of American Physicians and Surgeons. 2005;10(3):83.

138. Ivanova EA, Myasoedova VA, Melnichenko AA, Grechko AV, Orekhov AN. Small dense low-density lipoprotein as biomarker for atherosclerotic diseases. Medicina oxidativa e longevidade celular. 2017;2017.

139. Niu Y-G, Evans RD. Lipoproteínas de muito baixa densidade: partículas complexas no metabolismo energético cardíaco. Journal of lipids. 2011;2011.

140. Feingold KR, Grunfeld C. Introdução aos lípidos e lipoproteínas. endotexto [internet]: MDText. com, Inc.; 2018.

141. Taay Y, Mohammed M, Abbas R, Ayad A, Mahdi M, editores. Determinação de alguns parâmetros bioquímicos no soro de mulheres obesas normotensas e hipertensas em Bagdade. Jornal de Física: Conference Series; 2021: IOP Publishing.

142. Benge J, Aust S. Estimation of serum Malondialdehyde level in hoffee PA. and Jones ME. Methods in Enzymology Hoffee Jones Academic Press, New York, San Francisco, London, ASubsidinary of Harcoart Brace Jovanovich, Publisher. 1978;51:302.

143. Au - Aguilar Diaz De Leon J, Au - Borges CR. Avaliação do Stress Oxidativo em Amostras Biológicas Utilizando o Ensaio de Substâncias Reactivas do Ácido Tiobarbitúrico. JoVE. 2020(159):e61122.

144. Abod K, Mohammed M, Taay YM, editores. Evaluation of total oxidant status and antioxidant capacity in sera of acute-and chronic- renal failure patients. Jornal de Física: Conference Series; 2021: IOP Publishing.

145. Pohanka M. Biossensores contendo acetilcolinesterase e butirilcolinesterase como ferramentas de reconhecimento para a deteção de vários compostos. Chemical Papers. 2015;69.

146. Barham D, Trinder P. Enzymatic determination of uric acid. Analyst. 1972;97:142-5.

147. Bergmeyer H, Herder M, Ref R. Federação Internacional de Química Clínica (IFCC). J clin Chem clin Biochem. 1986;24(7):497-510.

148. Chaney AL, Marbach EP. Reagentes modificados para a determinação de ureia e amoníaco. Clinical chemistry. 1962;8(2):130-2.

149. Larsen K. Ensaio da creatinina por um princípio cinético de reação. Clinica chimica ata. 1972;41:209-17.

150. Bucolo G, David H. Quantitative determination of serum triglycerides by the use of enzymes. Clinical chemistry. 1973;19(5):476-82.

151. Allain CC, Poon LS, Chan CS, Richmond W, Fu PC. Determinação enzimática do colesterol total no soro. Clinical chemistry. 1974;20(4):470-5.

152. Burstein M, Scholnick H, Morfin R. Severe combined hyperlipidemia. Scand J Clin Lab Invest. 1980;40:560-72.

153. Puavilai W, Laorugpongse D, Deerochanawong C, Muthapongthavorn N, Srilert P. A exatidão da utilização da equação de Friedewald modificada para calcular o LDL a partir de triglicéridos não rápidos: um estudo piloto. Jornal médico da Associação Médica da Tailândia. 2009;92(2):182.

154. Baumann CW, Kwak D, Liu HM, Thompson LV. Age-induced oxidative stress: how does it influence skeletal muscle quantity and quality? Journal of Applied Physiology. 2016;121(5):1047-52.

155. Wonisch W, Falk A, Sundl I, Winklhofer-Roob BM, Lindschinger M. O stress oxidativo aumenta continuamente com o IMC e a idade, com perfis desfavoráveis nos homens. The Aging Male. 2012;15(3):159- 65.

156. Ozguner F, Koyu A, Cesur G. O tabagismo ativo causa stress oxidativo e diminui os níveis de melatonina no sangue. Toxicology and Industrial Health. 2005;21(10):21-6.

157. Sheehan MT. Testes bioquímicos da tiroide: TSH é o melhor e, muitas vezes, o único teste necessário - uma revisão para a atenção primária. Clin Med Res. 2016;14(2):83-92.

158. Kunt H, Senturk I, Gonul Y, Korkmaz M, Ahsen A, Hazman O, et al. Effects of electromagnetic radiation exposure on bone mineral density, thyroid, and oxidative stress index in electrical workers. Onco Targets Ther. 2016;9:745-54.

159. Baby NM, Koshy G, Mathew A. The Effect of Electromagnetic Radiation due to Mobile Phone Use on Thyroid Function in Medical Students Studying in a Medical College in South India (O Efeito da Radiação Electromagnética devido à Utilização de Telemóveis na Função da Tiroide em Estudantes de Medicina que estudam numa Faculdade de Medicina no Sul da Índia). Indian J Endocrinol Metab. 2017;21(6):797-802.

160. Koyu A, Cesur G, Ozguner F, Akdogan M, Mollaoglu H, Ozen S. Efeitos do campo eletromagnético de 900 MHz na TSH e nas hormonas da tiroide em ratos. Toxicology letters. 2005;157(3):257-62.

161.	Tiwari R, Lakshmi N, Bhargava S, Ahuja Y. Epinefrina, integridade do ADN e stress oxidativo em trabalhadores expostos a campos electromagnéticos de frequência extremamente baixa (ELF-EMFs) em subestações de 132 kV. Electromagnetic biology and medicine. 2015;34(1):56- 62.

162.	Bagheri Hosseinabadi M, Khanjani N, Norouzi P, Mirbadie SR, Fazli M, Mirzaii M. Oxidative stress associated with long term occupational exposure to extremely low frequency electric and magnetic fields. Trabalho. 2021;68(2):379-86.

163.	Gulati S, Yadav A, Kumar N, Priya K, Aggarwal NK, Gupta R. Phenotypic and genotypic characterization of antioxidant enzyme system in human population exposed to radiation from mobile towers. Molecular and Cellular Biochemistry. 2018;440(1):1-9.

164.	Gulati S, Kosik P, Durdik M, Skorvaga M, Jakl L, Markova E, et al. Efeitos de diferentes sinais UMTS de telemóveis no ADN, apoptose e stress oxidativo em linfócitos humanos. Environmental Pollution. 2020;267:115632.

165.	Akkam Y, A Al-Taani A, Ayasreh S, Almutairi A, Akkam N. Correlação dos parâmetros de stress oxidativo no sangue com a radiação de radiofrequência em espaços interiores: A cross sectional study in jordan. Jornal Internacional de Investigação Ambiental e Saúde Pública. 2020;17(13):4673.

166. Sakata M, Marumoto K, Narukawa M, Asakura K. Regional variations in wet and dry deposition fluxes of trace elements in Japan. Atmospheric Environment. 2006;40(3):521-31.

167.	Al-Fhady N. Comparação do efeito do monóxido de carbono, chumbo e cádmio no sangue de trabalhadores em contacto: Tese de doutoramento, Faculdade de Ciências, Universidade de Mosul, Iraque. (em árabe); 2002.

168.	Aksen F, Dasdag S, Akdag MZ, Askin M, Dasdag MM. Os efeitos da exposição de corpo inteiro a telemóveis nos tempos de relaxamento T1 e nos elementos vestigiais no soro de ratos. Electromagnetic Biology and Medicine. 2004;23(1):7-17.

169.	Ahamed M, Siddiqui MKJ. Exposição de baixo nível ao chumbo e stress oxidativo: Current opinions. Clinica Chimica Ata. 2007;383(1):57-64.

170.	Uriu-Adams JY, Keen CL. Copper, oxidative stress, and human health (Cobre, stress oxidativo e saúde humana). Molecular Aspects of Medicine. 2005;26(4):268-98.

171.	McRae NK, Gaw S, Brooks BW, Glover CN. Oxidative stress in the galaxiid fish, Galaxias maculatus, exposed to binary waterborne mixtures of the pro-oxidant cadmium and the anti-oxidant diclofenac. Environmental Pollution. 2019;247:638-46.

172.	Gurer-Orhan H, Sabir HU, Ozgune§ H. Correlação entre indicadores clínicos de envenenamento por chumbo e parâmetros de stress oxidativo em controlos e trabalhadores expostos ao chumbo. Toxicology. 2004;195(2- 3):147-54.

173.	Adonaylo V, Oteiza PI. O Pb2+ promove a oxidação lipídica e alterações nas propriedades físicas das membranas. Toxicologia. 1999;132(1):19-32.

174. Bechara E. Envenenamento por chumbo e stress oxidativo. Instituto de Química,

Universidade de São Paulo, Brasil. SFRRs 12th biennial meeting progamme and abstracts, May 5-9 (2004), Crown Plaza Panamericano Hotel Buenos Aires Argentina, S9-46, vol. 36. Free Radic Biol Med S. 2004;22.

175.	Liu J, Qu W, Kadiiska MB. Papel do stress oxidativo na toxicidade e carcinogénese do cádmio. Toxicologia e Farmacologia Aplicada. 2009;238(3):209-14.

176.	Husain N, Mahmood R. Copper(II) generates ROS and RNS, impairs antioxidant system and damages membrane and DNA in human blood cells. Ciência Ambiental e Investigação sobre Poluição. 2019;26(20):20654-68.

177.	Gaetke LM, Chow CK. Toxicidade do cobre, stress oxidativo e nutrientes antioxidantes. Toxicology. 2003;189(1):147-63.

178.	Eide DJ. O stress oxidativo da deficiência de zinco. Metallomics. 2011;3(11):1124-9.

179.	Li L, Yang X. O elemento essencial manganês, o stress oxidativo e as doenças metabólicas: ligações e interacções. Medicina oxidativa e longevidade celular. 2018;2018.

180.	Liu X, Zhao L, Chen H, Liu C, Liu X, Ma S. Effect of exposure to extremely low-frequency electromagnetic fields on liver function of workers (Efeito da exposição a campos electromagnéticos de frequência extremamente baixa na função hepática dos trabalhadores). Jornal Chinês de Higiene Industrial e Doenças Ocupacionais. 2013;31(8):599-601.

181.	Sharma S, Shukla S. Effect of electromagnetic radiation on vital organs in rats. Octa Journal of Biosciences. 2017;5(1).

182.	Zosangzuali M, Lalremruati M, Lalmuansangi C, Nghakliana F, Pachuau L, Bandara P, et al. Effects of radiofrequency electromagnetic radiation issued from a mobile phone base station on the redox homeostasis in different organs of Swiss albino mice. Electromagnetic Biology and Medicine. 2021;40(3):393-407.

183.	Rizi HAY, Dehghan H. Health problems from radiation of high- voltage facilities (Problemas de saúde decorrentes da radiação de instalações de alta tensão). Revista Internacional de Engenharia de Saúde Ambiental. 2013;2(1):1.

184.	Baroncelli P, Battisti S, Checcucci A, Comba P, Grandolfo M, Serio A, et al. Um exame de saúde dos trabalhadores de subestações ferroviárias de alta tensão expostos a campos electromagnéticos de FEB. Jornal americano de medicina industrial. 1986;10(1):45-55.

185.	Al-Uboody WSH. Effects of Electromagnetic Waves of Mobile Phone Towers on Lipid profile, Liver functions and Blood Electrolytes of Human Beings. International Journal. 2015;3(6):1302-8.

I want morebooks!

Buy your books fast and straightforward online - at one of world's fastest growing online book stores! Environmentally sound due to Print-on-Demand technologies.

Buy your books online at
www.morebooks.shop

Compre os seus livros mais rápido e diretamente na internet, em uma das livrarias on-line com o maior crescimento no mundo! Produção que protege o meio ambiente através das tecnologias de impressão sob demanda.

Compre os seus livros on-line em
www.morebooks.shop

Printed by Books on Demand GmbH, Norderstedt / Germany